Karen Uecker

Hunde spielend motivieren

Impressum

Titelreihengestaltung: Petra Pawletko
Einbandgestaltung: Kornelia Erlewein
Titelbild: Karen Uecker
Bildnachweis: Sarah Apel: S. 23; Selina Beiermann: S. 88; Inez Dengscherz: 45; Bettina Griebel: S. 7; Nathalie Heinecke: S. 54; Genoveva Hofer: S. 69; Jutta Holler: S. 19; Britta Kalff: S. 26; Claudia Knauer: S. 80; Hans Kuczka: S. 9; Carina Löwenkamp: S. 3, 22 oben links, 89; Caroline McCormac: S. 30, 36, 39, 41, 71; Sabine Müßner: S. 33, 72; Janine Pietsch: S. 21, 85; Svea von Schuckmann: S. 65 mitte; Regina Wendel: S. 3 unten rechts, 10, 78.
Bilder im Kolumnentitel: Beate Schwarz, http://fotografie.com-werkstatt.de/
Alle übrigen Fotos stammen von Karen Uecker.

Eine Haftung der Autorin oder des Verlages und seiner Beauftragten für Personen-, Sach- und Vermögensschäden ist ausgeschlossen.

ISBN 978-3-275-01998-4

Copyright © 2014 by Müller Rüschlikon Verlag
Postfach 103743, 70032 Stuttgart
Ein Unternehmen der Paul Pietsch Verlage GmbH & Co. KG
Lizenznehmer der Bucheli Verlags AG, Baarerstr. 43, CH-6304 Zug

1. Auflage 2014

Sie finden uns im Internet unter **www.mueller-rueschlikon-verlag.de**

Nachdruck, auch einzelner Teile, ist verboten. Das Urheberrecht und sämtliche weiteren Rechte sind dem Verlag vorbehalten. Übersetzung, Speicherung, Vervielfältigung und Verbreitung einschließlich Übernahme auf elektronische Datenträger wie DVD, CD-ROM usw. sowie Einspeicherung in elektronische Medien wie Internet usw. ist ohne vorherige Genehmigung des Verlages unzulässig und strafbar.

Lektorat: Steffi Gaede
Innengestaltung: Petra Pawletko
Druck und Bindung: Graspo CZ, 76302 Zlin
Printed in Czech Republic

Inhalt

3
Wie motiviert man einen Hund dazu, triebarme Aufgaben begeistert auszuführen? 23

Hat der Hund wirklich ein Motivationsproblem? 28
Der Grundgehorsam 32

4
Die drei Ebenen im Hundetraining 35

Der Alltagsbereich 37
Der Arbeitsbereich 39
    Die extrinsischen Motivationsquellen im Arbeitsbereich
    Erfolg motiviert! 43
    Das korrekte Timing bei der Belohnung 45
    Die Mimik 48

1
Einleitung 5
Ist ein spezielles Motivationstraining überhaupt notwendig? 7
Eine weitere neue Methode also? 9

2
Was ist Motivation? 15

Begriffserklärung 16
Intrinsisch und extrinsisch motivierte Handlungen bei Hunden 17
Die Triebe des Hundes als Triebfeder für sein Handeln 19
    Triebstarke Tätigkeiten 20
    Triebarme Tätigkeiten 22

Körpersprache, Gestik und Haltung	51
Das präzise Kommando	54
Das freundliche Kommando	54
Ein durchdachter und abwechslungsreicher Trainingsaufbau	57
Der Motivationsbereich	**58**

Das Spielen	**63**
Mein Hund spielt nicht	69
Das Spielen mit Spielzeug	**72**
Welche Gefahren birgt das Spielen mit Spielzeug und welche Regeln müssen beachtet werden?	75
Spielen mit Futter	**79**
Spielen ohne alles	**80**

Das Spiel als intrinsische Motivationsbasis für das Training	**81**
Die Geister, die ich rief ...	88

Jackpot & Co	**89**

Anhang	**91**
Schlusswort	92
Lesetipps ...	94
Autorenporträt	95

1 Einleitung

Einleitung

Eine Beziehung voller Zuneigung und Vertrauen stellt die stabile Basis für alles Weitere.

Das Motivationstraining ist umfassender und vielschichtiger, als man es auf den ersten Blick vermuten würde. Es beeinflusst schon das Zusammenleben im Alltag, aber ganz besonders spielt es in jeden Bereich der Hundeausbildung hinein. Grundsätzlich liegt jeder Handlung eine Motivation zugrunde, egal ob der Hund auf das Sofa hüpft, auf dem Gehweg »Sitz« macht, ob er durch einen Agility-Parcours fegt oder eine perfekte Unterordnung läuft. Zum Thema Motivation gehört also auch die Frage, wie man einen Hund generell dazu motiviert, nach unseren Regeln zu leben und unsere Kommandos zu befolgen. Im vorliegenden Buch soll es aber hauptsächlich um Möglichkeiten der Motivationssteigerung im Bereich des Hundesports gehen.

Einleitung

Ist ein spezielles Motivationstraining überhaupt notwendig?

Wenn man seinen ganz offensichtlich recht antriebschwachen und lustlosen Hundekumpel dazu veranlassen möchte, einfache Alltagsbefehle zu befolgen, und dies auch noch mit angemessen wohlwollendem Elan, dann reicht es aus, ein paar grundlegende Dinge bei der erzieherischen Kommunikation mit dem Vierbeiner zu beachten, zu denen wir im Verlaufe dieses Buches kommen werden. Die Frage hierbei lautet: Wie motiviert man einen Hund zu einem – für beide Seiten – zufriedenstellenden Grundgehorsam? Wie bringe ich also meinen Hund dazu, freudig mit mir zu kooperieren? Auf dieser Ebene benötigt man nicht notwendigerweise ein spezielles Motivationstraining, wobei das aber nie schaden kann und Hund und Mensch eine Menge Freude beschert. Der Grundgehorsam, das »Ob«, ist allerdings immens wichtig, denn es ist die Grundlage für das »Wie«. Ein gesichertes »Ob« bedeutet, dass der Hund nicht in Frage stellt, »ob« er beispielsweise »Bei Fuß« geht. Das ist die Sicherheit, der doppelte Boden für das »Wie«, das darauf aufgebaut ist. Und deswegen werden wir uns dieser Problematik im Folgenden auch noch ausführlicher widmen.

Und was im Alltag durchaus akzeptabel ist, dass unser Hund zwar an der Straße »Sitz« macht, wenn wir das wollen, er aber erkennbar zum Ausdruck bringt, dass er nicht unbedingt während des ganzen Spaziergangs schon darauf hingefiebert hat, am Bordstein endlich mal ein Sitz-Kommando befolgen zu dürfen, kann zum Problem werden, wenn wir mit unserem Hund eine Sportart ausüben wollen.

In fast allen Rassebeschreibungen steht, die Hunde seien arbeitsfreudig und müssten körperlich und vor allem geistig ausgelastet werden, nur dann wären sie glücklich. Der hochmotivierte Hundebesitzer macht sich also eifrig daran, das für sich und seinen Vierbeiner

Rettungshunde müssen gut zu motivieren sein.

Einleitung

passende Beschäftigungsprogramm herauszusuchen. Dabei ist es gleichgültig, ob man einmal pro Woche den Hundeplatz aufsucht, um zum Beispiel Obedience, Turnierhundesport oder einfach ein wenig Unterordnung zu üben. Auch ob man Spaß daran hat, intensiver zu trainieren und sich auf den entsprechenden Turnieren mit Gleichgesinnten misst oder aber ob man Vereine meidet und seinen Hund im Garten oder während des Spazierengehens mit kleinen Aufgaben wie Tricks oder ein wenig »Bei Fuß«-Arbeit (es gibt übrigens 18 verschiedene »Bei Fuß«-Positionen) erfreuen möchte, ist gleichgültig. Man handelt in der Regel in der Absicht, seinem Hund etwas Gutes zu tun, und hätte schon recht gerne einen Vierbeiner, der sich angemessen darüber freut. Was aber tun, wenn der Hund sich nur mit Mühe und vielen Leckerlis lustlos durch das gemeinsame Hobby schleppt und erst nach »Schulschluss« beim Spielen mit den anderen Hundekumpels wieder zur Hochform aufläuft? Dann wird es Zeit, die Interaktion mit uns für den Hund in ein neues Licht zu rücken, die »Arbeit« mit dem Menschen zum Objekt der Begierde zu machen. Ziel des Motivationstrainings ist es, den Hund davon zu überzeugen, dass diese Interaktion mit seinem Menschen so erstrebenswert ist, dass er deshalb mitarbeitet, weil es die Aktion, die Handlung selbst ist, die Begeisterung hervorruft und nicht etwa, dass er Befehle ausschließlich deswegen ausführt, weil ihm ein Stückchen Fleischwurst direkt vor das Riechorgan platziert wird.

Man muss auch immer bedenken, dass das eigentliche Problem ganz häufig gar nicht darin besteht, dem Hund neue Elemente beizubringen. Das ist meist eine Frage des richtigen Aufbaus und des richtigen Timings der Bestätigung. Dafür lassen sich die meisten Hunde schon ganz gerne begeistern. Wenn es aber um die Abrufbarkeit eben dieser Elemente geht, tauchen die ersten Probleme auf. Was der Hund gestern Abend in der vertrauten Umgebung der Hundeschule noch tadellos gezeigt hat, schrumpft beim Tag der offenen Tür des Turnvereins, wo man so gerne eine furiose Hundetrickshow gezeigt hätte, zu einem kläglichen Krampf zusammen, weil man zuallererst damit beschäftigt ist, die ungeteilte Aufmerksamkeit des Showstars zu erhaschen. Denn je größer die Ablenkung und je verlockender die Außenreize, desto weniger interessant ist Frauchen mit ihrem Hundekeks. Das nächste Problem besteht darin, den Hund, wenn er dann Zeit und Muße gefunden hat, sich uns und unseren Wünschen zu widmen, auch für einen längeren Zeitraum konzentriert und fröhlich arbeiten zu lassen, ohne dass er zu jedem gewünschten Element mit einem Leckerchen gelockt werden muss.

Auch gemeinsames Nichtstun gehört zum Training.

Einleitung

Eine weitere neue Methode also?

Eine Methode, die auf jeden Besitzer und jeden Hund in jeder Entwicklungsphase allgemeingültig anwendbar ist, und die auch noch für jede Situation eine Handlungsanleitung parat hat, kann es nicht geben. Auch wenn das dem hilfesuchenden Hundebesitzer bisweilen suggeriert wird – insbesondere, wenn der »Erfinder« auf die alleinseligmachende Wirkung seiner Methode pocht und das Ganze dann noch mit einem Trademark versehen ist. Und wenn besagte Methode ihre Wirkung nur dann vollends entfalten kann, wenn das passende Zubehör käuflich erworben wird, dann sollte man zumindest ein wenig hellhörig werden.

Um Hunde nach der vorliegenden Methode zu motivieren, brauchen Sie jedenfalls so gut wie gar nichts. Sie brauchen Spielzeug, möglichst verschiedenes, Sie brauchen Leckerlis – bei manchen Hunden reicht auch das normale Futter – und Sie brauchen vor allem sich selbst. Sie müssen sich einbringen, hier ist ein nicht zu unterschätzendes Maß an Engagement und höchste Konzentration gefragt. Es gibt keine Hilfsmittel in Form von magischen Bällen oder interaktiven Targetstäben ... Wir müssen zunächst **unser eigenes** Verhalten überdenken und verändern, wenn wir eine Verhaltensänderung bei unserem Hund bewirken möchten. Diese Arbeit kann uns leider nichts und niemand abnehmen.

Es geht im Folgenden nicht um eine einzig richtige Methode, sondern es geht um eine – hoffentlich – interessante und verständliche Aufbereitung allgemeingültiger Grundsätze und Eckpfeiler, die der Hundeerziehung (vor allem im Hinblick auf die Motivation) zugrunde liegen. Natürlich führen viele Wege nach Rom – aber manche enden bereits an der nächsten Kloschüssel und sollten zum Wohle des Hundes auch dort entsorgt werden.

Asim bei der »Arbeit«.

Einleitung

Auch den Jüngsten kann man schon kleine Aufgaben schmackhaft machen.

Mit dem Thema »Motivation« habe ich mich erst näher auseinandergesetzt, als ich feststellte, dass ich ein Problem hatte. Motivation war für mich eine diffuse Mischung aus Bällchen werfen hier und Leckerchen verabreichen da. Ich hatte bis dahin allerdings auch einen Hund, der es mir leicht machte. Er war mit jeder Menge »will to please«, also dem Wunsch, mir zu gefallen, ausgestattet. Und wir bewegten uns hauptsächlich im Bereich des normalen Grundgehorsams, was über das übliche Gehorchen hinausging wurde mit Leckerchen bestärkt und ab und an gab´s mal ein Extra-Ballspiel. Das Training begann mir mehr und mehr Spaß zu machen und wir beide hatten unsere ersten kleinen Auftritte. Aber unsere Ambitionen wurden von Seanahs Gesundheit, mit der es nicht zum Besten stand, begrenzt. Ein zweiter Hund zog ein, die Border Collie Hündin Maeve. Anstatt ein zweites unermüdlich eifrig mitarbeitendes Begeisterungsbündel an meiner Seite zu haben, musste ich nach einiger Zeit irritiert feststellen, dass ich zwar einen Hund hatte, der in kürzester Zeit alles mögliche an Tricks und Elementen zu lernen imstande und willens war. Jedoch haperte es ihm gewaltig an der oben schon erwähnten steten Abrufbarkeit des Erlernten sowie am Willen, auch ohne ständige Bestätigung und Anfeuerung über einen etwas längeren Zeitraum mit mir konzentriert zu arbeiten. Er zeigte schlichtweg kaum Freude an der Arbeit. Sollte der Hund in einer Umgebung arbeiten, die ihm nicht behagte, musste ich schon einiges an Überzeugungsarbeit leisten. Die bestand neben der überaus generösen Leckerchengabe als Belohnung aus dem Abrufen des Grundgehorsams: Ein Kommando ist ein Kommando und das wird befolgt. Punkt. Maeve machte auch mit, das schon, denn die Hündin war und ist gehorsam und wohlerzogen, aber wir arbeiteten mit einer Tendenz, die mir überhaupt nicht gefiel. Man könnte das Ganze so zusammenfassen, dass ohne Leckerli auch die Lust an der Zusammenarbeit fehlte.

Ich begann mich also zu fragen, was schiefgelaufen war und fing an, mehr mit Triebmitteln zu arbeiten. Wie die meisten Border Collies ist auch Maeve sehr schnell »hochzufahren«, wenn der Ball ins Spiel kommt. Damit brachten wir zwar ein zum Teil absurdes Tempo in die Sache, aber die Konzentration litt ganz erheblich und ehrlich gesagt wirkte die Hündin eher wie auf Speed und verbreitete das Flair von Zwanghaftigkeit und Stress anstatt von Motivation und Freude. Sie überschlug sich fast dabei, die Kommandos auszuführen – und weil sie sich vor lauter Gibber nicht richtig konzentrieren

Einleitung

konnte, lieferte sie vorsichtshalber auch bzw. hauptsächlich diejenigen Elemente ab, nach denen ich gar nicht gefragt hatte, weil sie unbedingt den Ball in meiner Hand haben wollte. Also das war auch ziemlich unbefriedigend. Ein Hund, der verzweifelt versucht, alle gelernten Elemente möglichst auf einmal abzuspulen, war nicht das, wonach ich gesucht hatte. Hinzu kam, dass die ohnehin sehr mitteilungsfreudige Meave in diesem Geisteszustand überhaupt nicht mehr aufhörte zu kläffen. Zudem verlor sie wieder das Interesse an mir und einer Interaktion mit mir, sobald der Ball wieder aus dem Spiel war.

So fing ich an, intensiv nach einer Lösung für unser Problem zu suchen. Das Problem war auf den Punkt gebracht nämlich, dass ich offenbar nicht in der Lage war, meinem Hund genügend Spaß zu vermitteln. Dass er eine Zusammenarbeit nicht als Privileg empfand, sondern erleichtert und möglichst schnell die Arbeitsfläche verließ, bevor ich mir das »Ende der Schulstunde« noch anders überlegte ...

Ich wollte aber einen Hund, der alles stehen und liegen lässt, wenn ich auch nur andeute, dass ich nun bereit sei, mit ihm zu arbeiten und der traurig ist, wenn wir aufhören.

Als erstes überdachte ich meine grundsätzlichen Ausbildungsmethoden. Ich habe zwar einiges zu verbessern erreicht, aber es war auch danach weiterhin so, dass die Arbeit mit mir nicht gerade oberste Priorität für meinen Hund hatte. Ich begann damit, mir die Teams ganz genau anzuschauen, bei denen der Hund vor Begeisterung sprühte und mit einem Lächeln im Gesicht unermüdlich an einer Interaktion jedweder Art mit seinem Hundeführer Freude zu haben schien. Ich besuchte Kurse, ich beobachtete und löcherte die armen Hundeführer mit Fragen, ich studierte Videosequenzen, ich las (und stellte fest, dass es nicht viel Literatur zu diesem Thema gibt) und recherchierte – absolut disziplinübergreifend. Ich stellte zum einen fest, wie faszinierend und vielschichtig das Thema Motivation eigentlich ist (schon allein dadurch natürlich, dass Motivation in jeden Trainingsbereich hineinspielt), zum anderen fand ich Parallelen bei den verschiedenen Disziplinen, egal ob bei Mondioring oder Obedience, ob bei IPO oder »Heelwork To Music«. Die Hundeführer, deren Hunde ihr größtes Glück in der Zusammenarbeit mit ihren Besitzern zu finden schienen, die eine hochmotivierte, glückliche Ausstrahlung hatten, arbeiteten alle nach ganz ähnlichen Grundsätzen! Sicherlich mit unterschiedlichen Schwerpunkten, mit einer unterschiedlichen ausbildungstechnischen Abfolge, aber insgesamt konnte ich feststellen, dass die Eckpfeiler tatsächlich dieselben sind. Ich verbrachte viel Zeit damit, alles zusammenzutragen, zusammenzufügen, zu analysieren – und natürlich auszuprobieren. Es funktioniert! Und das aufgearbeitete Ergebnis, den roten Faden durch das Thema (positive) Motivation, möchte ich Ihnen in diesem Buch vorstellen.

Einleitung

Maeves mangelnde Freude an der Arbeit war der Auslöser dafür, dass ich begonnen habe, mich intensiv mit dem Thema Motivation auseinanderzusetzen. Mittlerweile ist ihr der Spaß an der Arbeit anzusehen.

Meine ersten Opfer waren natürlich besagter Border Collie, aber auch meine alte Seanah, die ja immer brav mitgemacht hatte und die nun auf ihre alten Tage plötzlich anfing, von brav auf begeistert zu wechseln. Bei Maeve zeigte das Training Wirkung, sie fand allmählich Gefallen an einer Interaktion mit mir. Die Hündin gehört inzwischen meiner Tochter, sie wünschte sich einen eigenen Hund zum Trainieren und hatte schon lange ein Auge auf Maeve geworfen. Die beiden passen gut zusammen und treten auch gelegentlich gemeinsam auf.

Einleitung

Einleitung

Für Hunde aus dem Tierschutz mit unbekannter Vergangenheit, wie Mirabelle, braucht man manchmal mehr Zeit und Geduld.

Die Hunde, mit denen ich derzeit trainiere und auftrete sind Asim und Mirabelle. Asim ist ein Groenendael, 2010 geboren, ein Traumhund, dessen Temperament und »will to please« es mir ganz leicht gemacht haben, aus ihm einen hochmotivierten Mitarbeiter zu machen, der ohne Wenn und Aber mit mir arbeiten möchte. Bei ihm muss ich sogar aufpassen, dass er nicht übermotiviert ist. Mein zweiter Hund ist Mirabelle, mein ungarisches Früchtchen aus einer Tötungsstation. Als sie zu uns kam, war sie ein knappes Jahr alt. Sie war unglaublich dankbar und bescheiden. Sie bemühte sich sehr, uns nicht zu verärgern, aber sie war schüchtern und verängstigt und musste erst mal lernen, »ihren Namen zu tanzen«. Mit mir zu trainieren lag außerhalb ihrer Vorstellungskraft, aber sie ist nun seit Oktober 2012 bei uns und auf dem besten Weg. Inzwischen ist sie glücklich, wenn wir »üben« (...und macht ihr Frauchen damit natürlich auch sehr glücklich!) und traurig, wenn wir aufhören – das ist doch schon mal eine gute Grundlage ...

2 Was ist Motivation?

Was ist Motivation?

Für den Schultertrick muss Mirabelle nicht motiviert werden. Sie sitzt gerne erhöht, um den Überblick zu haben.

Begriffserklärung

→ Allgemein gesagt ist Motivation die Gesamtheit der Beweggründe, die zur Handlungsbereitschaft führen.

→ Motivation bezeichnet das auf emotionaler und neuronaler Aktivität beruhende Streben nach Zielen oder wünschenswerten Zielobjekten. Sie gilt als Triebfeder oder Energie für zielgerichtetes Verhalten. Diese Handlungsbereitschaft muss zunächst ausgelöst werden und zu der aktivierenden Energie muss eine zweite Art von Energie hinzukommen, damit die Handlung bis zum Schluss, also bis zur Zielerreichung, aufrechterhalten wird.

Was ist Motivation?

Intrinsisch und extrinsisch motivierte Handlungen bei Hunden

Man unterscheidet zwei Motivationsarten: die **intrinsische** Motivation und die **extrinsische** Motivation.

Die intrinsische Motivation beruht auf dem Bestreben, etwas um seiner selbst willen zu tun. Das heißt, die Motivation zum Handeln ergibt sich aus dem Handeln selbst. Etwas platt ausgedrückt, man tut etwas, weil es Spaß macht, Interessen befriedigt oder weil man die Herausforderung liebt.

Die extrinsische Motivation hingegen liegt einer Handlung zugrunde, wenn man sich dadurch einen Vorteil verspricht. Man handelt also nicht, weil das Tun selbst einem Freude bereitet, sondern weil man sich davon etwas erhofft – eine Belohnung etwa, die ganz unterschiedlicher Natur sein kann. Möglicherweise tut man etwas, geht beispielsweise joggen, weil man weiß, es ist gesund oder man verspricht sich davon abzunehmen. Oder man quält sich über die Trainingsstrecke, weil man weiß, dass man sich hinterher gut fühlt oder aber weil man sich danach guten Gewissens ein Stück Schokokuchen gönnen kann. Extrinsisch motiviert ist man, wenn man morgens zur Arbeit geht, weil man dafür bezahlt wird. Auch Ansehen und Ruhm sind in diesem Sinne motivationsfördernde Quellen.

Hinter einem Ball herzurennen, fällt für diese Beiden deutlich in den intrinsisch motivierten Bereich.

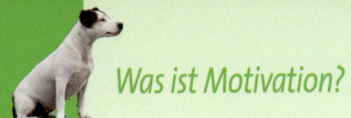
Was ist Motivation?

Extrinsisch motiviert ist aber auch jemand, der eine Handlung deshalb ausführt, weil er dadurch einen Nachteil vermeiden möchte. Ein Kind, das seine Hausaufgaben macht, um kein Computerverbot zu bekommen, ist zum Beispiel extrinsisch motiviert. Die Handlung selbst, die Hausaufgaben zu machen, gefällt dem Kind nicht, es macht sie aber trotzdem, um einen Nachteil zu vermeiden, einer Strafe zu entgehen.

Die beiden Motivationsquellen sind natürlich nur in den seltensten Fällen eindeutig voneinander zu trennen. Am häufigsten sind Mischformen intrinsischer und extrinsischer Motivation anzutreffen. Das Ganze ist ein dynamischer Zustand und immer im Fluss. So kann das hausaufgabengeplagte Kind bei geschicktem Handling der Eltern vielleicht doch auch ein wenig Freude an der Tätigkeit selbst empfinden, wenn es beispielsweise durch das zunächst erzwungene Handeln, die Beschäftigung mit den Hausaufgaben, Kompetenzen erwirbt und Erfolge erzielt. Einem ursprünglich rein extrinsisch (und in diesem Beispiel auch noch negativ) motivierten Handeln läge dann eine Mischform aus extrinsischer und intrinsischer Motivation zugrunde.

Das »Bei Fuß« und die (hochwertige!) Belohnung.

Die Triebe des Hundes als Triebfeder für sein Handeln

Die intrinsische Motivation liegt allen sogenannten triebstarken Tätigkeiten zugrunde. Triebe sind angeboren und darauf gerichtet, ein primäres Bedürfnis zu befriedigen. Die beiden grundsätzlichen Triebformen sind der Arterhaltungstrieb und der Selbsterhaltungstrieb. Zum Arterhaltungstrieb gehört der Geschlechtstrieb, der bei Rüden den Geltungstrieb wecken kann. Wenn eine läufige Hündin in der Nähe ist, müsste man einem Rüden für das »Chercher la Femme« keine Belohnung in Aussicht stellen. Er handelt durchaus um der Tätigkeit selbst.

Zum Selbsterhaltungstrieb gehört der Jagdtrieb. Dieser Trieb, geruchlich oder optisch wahrgenommenes Wild aufzustöbern, zu verfolgen und zu reißen, ist angeboren und jedem Hundebesitzer ein Begriff. Vereinzelte Meinungen in der Literatur bestehen darauf, dass es sich nur bei dem Fortpflanzungs- und dem Nahrungstrieb um echte Triebe handele und dass der Jagdtrieb gar kein angeborener Trieb sei, da er nur durch Außenreize aktiviert würde. Wie auch immer, beobachtet man Welpen im Spiel so wird ganz deutlich, dass das »Jagdspiel« zu den beliebtesten Tätigkeiten gehört. Der Jagdtrieb ist unterschiedlich stark ausgeprägt, kann sich aber im Laufe eines Hundelebens stärker ausprägen, wenn er gefördert wird (ob nun willentlich oder auch unwillentlich) oder auch nachlassen, wenn er nicht »benutzt« wird.

Der Beute- und der Bringtrieb bilden zusammen mit dem Jagdtrieb einen Funktionskreis. Der Beutetrieb äußert sich bei den Hunden oft im sogenannten Totschütteln der Beute (des Spielzeugs) und der Bringtrieb in dem Bestreben, Beuteobjekte aufzunehmen, zu vergraben oder auch in die Wurfhöhle zu den Jungen zu bringen.

Ganz wichtig zu erwähnen in Bezug auf Ausbildung und Motivation des Hundes ist der Spieltrieb. Er ist mit dem Bewegungs- und Betätigungstrieb verwandt. Die Domestizierung unserer Haushunde hat dazu geführt, dass sie nicht richtig erwachsen werden und die »junghundliche« Spielfreude oft bis ins hohe Alter bewahren. Ein ausgeprägter Spieltrieb macht die Ausbildung des Hundes wesentlich einfacher.

Ein ausgeprägter Spieltrieb ist bei den Belgischen Schäferhunden ausdrücklich erwünscht.

Was ist Motivation?

Die Übergänge der einzelnen Triebe sind fließend und unsere Hunde werden (mehr oder weniger) von noch weiteren Trieben als den hier genannten beeinflusst, so z. B. vom Schutz- oder dem Kampftrieb. Sie sind unterschiedlich stark ausgeprägt, man kann sie hemmen, steuern oder umlenken, oder aber auch fördern und für die Ausbildung nutzen.

Triebstarke Tätigkeiten

Für die Motivation unserer Hunde bedeutet das, dass Tätigkeiten, die genau diese ursprünglichen Triebe befriedigen, keine Motivation von außen benötigen. Die Handlung selbst ist dem Hund ein inneres Bedürfnis.

Das heißt, die Motivation, die unser vierbeiniger Freund für unsere Aufgaben anzubieten hat, ist in erster Linie abhängig von der gestellten Anforderung.

Wenn also am Wegesrand plötzlich ein Hase hochgeht und die Flucht ergreift und wir unserem Jack Russell Terrier das Kommando geben, er möge doch bitte zur Verfolgung schreiten, brauchen wir uns um dessen Motivation keine Sorgen zu machen.

Wenn wir einen rassetypischen und sachverständig an Schafen ausgebildeten Border Collie vor eine Schafherde stellen, müssen wir ihn nicht mit delikaten Häppchen in Richtung Herde locken. Er würde ohnehin nichts fressen, denn die Schafe zu bewegen verschafft ihm die größere Befriedigung.

Einen Balljunkie muss man ebenso nicht motivieren, hinter seinem Objekt der Begierde her zu hechten, und ein rassetypischer Retriever apportiert mit Leib und Seele und braucht keine Verstärker.

Hier soll kein Missverständnis aufkommen: Dass Hunde hinter Wild her hetzen, ist ein absolutes No-Go. Solange der Hund nicht zuverlässig abrufbar ist, gehört er an die Leine! Einen Border Collie (und auch andere Hüte- oder Nichthütehunde) darf man nicht einfach mal so auf eine Herde loslassen oder ihn zu einem sogenannten Balljunkie mutieren lassen. Es geht nur darum, zu veranschaulichen, dass triebstarke Handlungen selbstbelohnend sind, die Hunde lassen sich durch nichts und niemanden ablenken, vollenden ihre Aufgaben in höchster Motivation und würden sie auch den ganzen Tag tun. Was aber passiert, wenn unser »Hasenjäger« nun (hoffentlich) zu uns zurückgekehrt ist, uns zwei glückliche Augen anstrahlen und wir von eben diesem Hund verlangen, mit der gleichen Begeisterung eine andere schöne Aufgabe zu lösen ... zum Beispiel drei Minuten »Bei Fuß«, ohne rechts und links zu schauen, alle Außenreize zu ignorieren, uns ununterbrochen anzustarren und jede kleinste Bewegung unseres Körpers mitzulaufen?! Nun, Sie ahnen es bereits, unser Hund wird uns entgeistert ansehen und in wilder Gebärdensprache zu erklären versuchen, dass er die Hasenaufgabe weitaus spannender findet. Dass Hunde sich für triebstarke Aufgaben begeistern können und voller Elan alles geben, heißt leider nicht, dass diese Motivation so ohne Weiteres auch auf andere Tätigkeiten übertragbar ist.

Was ist Motivation?

Das Spiel mit dem Frisbee gehört zu den triebstarken Tätigkeiten.

Was ist Motivation?

Triebarme Tätigkeiten

Das sind – einfach ausgedrückt – alle die Sachen, die einem Hund von Natur aus als sehr langweilig erscheinen. Welpen toben, spielen, rennen, hüpfen, jagen und beißen mit Wonne, aber kein Welpe kommt auf die Idee, mit seinen Geschwistern schon mal für später »Bei Fuß« zu üben.

»Bei Fuß« wird im Folgenden das Synonym für triebarme Tätigkeiten sein. Dazu gehören die heeling-Positionen und auch die meisten anderen Elemente aus dem Bereich Dogdance oder Heelwork to Music, genau wie viele Unterordnungs- und Obedience-Aufgaben. Sprüngen und Apportieraufgaben gewinnen viele (auch nicht alle) Hunde schon ein wenig mehr ab und bei Sportarten wie Frisbee tauchen bei korrektem Aufbau Motivationsprobleme ganz selten auf, weil das Frisbeespielen viele triebstarke Aspekte (hinterherhetzen, fangen, apportieren) beinhaltet, die in den Bereich der intrinsischen Motivation fallen.

Arbeitet der Hund intrinsisch motiviert, so agiert er stabil, konzentriert und ausdauernd – wie wir uns das wünschen. Nun stellt sich die Frage, was zu tun ist, um diese Begeisterung auch auf Tätigkeiten zu übertragen, die für den Hund weniger attraktiv sind.

3
Wie motiviert man einen Hund dazu, triebarme Aufgaben begeistert auszuführen?

Wie motiviert man einen Hund dazu, triebarme Aufgaben begeistert auszuführen?

Wir befinden uns noch im ganz allgemeinen Bereich, und möchten, dass der Hund grundsätzlich möglichst freudig gehorcht. Und da werden üblicherweise die extrinsischen Motivationsquellen bemüht.

Das Grundprinzip ist einleuchtend und einfach: Dem Hund wird eine Belohnung in Aussicht gestellt, in den meisten Fällen wird ihm die Aufgabe im wahrsten Sinne des Wortes schmackhaft gemacht. Er bekommt also ein Kommando, beispielsweise »Sitz«. Wenn der Hund dies brav ausführt, bekommt er dafür eine Belohnung. Meistens ist das ein Leckerchen, aber auch ein freundliches Wort oder ein nettes Streicheln bewirkt, dass der Hund die Ausführung des Kommandos mit etwas Angenehmem verbindet, und es sich in seinen Gehirngängen verankert. Nach und nach wird er die Verbindung knüpfen, dass sich die Übung für ihn durchaus lohnt. Das wiederum wird ihn dazu veranlassen, besagtes Kommando recht wohlwollend auszuführen. Dies wäre ein Beispiel für eine extrinsisch motivierte Handlung, da sich der Hund durch sein Tun einen Vorteil (Leckerchen oder Lob) verspricht. Die extrinsische Motivation liegt auch einer Handlung zugrunde, die der Hund ausführt, weil er einen Nachteil vermeiden möchte. Meist assoziiert man damit eine drohende Bestrafung ... so würde Waldi in gleicher Situation an der Straße »Sitz« machen, weil er zuvor gelernt hat, dass ein Nichtbefolgen unangenehme Konsequenzen nach sich zieht, wie ein schmerzhaftes Rucken am Halsband etwa. Besagter Nachteil kann aber auch einfach darin bestehen, dass Waldi daran gehindert wird, seinen Weg fortzusetzen, solange er nicht ein annehmbares Sitz abgeliefert hat, wobei man natürlich das befreiende »Lauf« auch schon wieder als in Aussicht gestellte Belohnung werten könnte. Sie sehen, die Motivationsquellen sind kaum eindeutig voneinander zu unterscheiden. Die sogenannte Deprivation, also der Zustand der Isolation, der Entbehrung, des Entzugs, ist aber leider für einige Hundesportler noch immer Motivationsquelle Nummer 1. Sie behaupten allen Ernstes, nur ein Hund, der ein tristes, trauriges, einsames und vom Rudel isoliertes Leben im Außenzwinger führt, wäre aufgrund des Triebstaus, der bei dieser Haltung erzwungen wird, ausreichend zur Arbeit zu motivieren. Müßig zu erwähnen, dass diese armen Hunde dann während des Trainings auch so gut wie ausschließlich über Druck und Strafe »motiviert« werden. So, nachdem wir das jetzt erwähnt haben, widmen wir dieser unerfreulichen Vorgehensweise keine weiteren Zeilen mehr.

Bei extrinsisch motivierten Handlungen des Hundes hängt die Art der Ausführung von vielen verschiedenen Faktoren ab. Das ist der ganz große Unterschied zur intrinsischen Motivation, ein Hund, der die Handlung selbst über alles liebt, gibt immer Volldampf. Einem hinter dem Reh herflitzenden Dobermann (um mal wieder dieses Beispiel zu bemühen) ist es total egal, ob Scheinwerfer auf ihn gerichtet sind, ob die Bodenbeschaffenheit nicht ganz genehm ist, ob eine Requisite mit lauten Knall umfällt oder tosender Applaus aufbrandet. Nun sind alle diese Außenreize in Wald und Wiese eher selten anzutreffen, aber Sie verstehen, was ich

Wie motiviert man einen Hund dazu, triebarme Aufgaben begeistert auszuführen?

Abwechslung macht jedes Training attraktiver.

meine: Der Hund handelt einfach und lässt sich nicht ablenken. Hingegen bemisst sich die Intensität eines extrinsisch motivierten Handelns an vielen unterschiedlichen Faktoren. Zunächst spielt die Beschaffenheit der in Aussicht gestellten Nettigkeiten oder Gemeinheiten hierbei eine große Rolle. Die Fleischwurst in Frauchens Händen löst eine ganz andere Betriebsamkeit aus, als ein bröckeliges Stück Trockenfutter oder ein lausiges Getätschel. Ein Hundeplatzmacho mit Peitsche wird seinen Vierbeiner wohl eher dazu veranlassen »Bei Fuß« zu gehen (wenn auch nicht freudig), als das hilflose Frauchen, das ihren zerrenden, pöbelnden Dackel mit einem weinerlichen Vortrag belästigt und ihm zur Strafe ein Leckerchen vorenthält.

Wichtig!

→ Extrinsisch motiviertes Handeln hängt davon ab, wie sehr der erwartete Vorteil von dem Hund begehrt wird oder wie sehr er die drohende Strafe fürchtet.

Wie motiviert man einen Hund dazu, triebarme Aufgaben begeistert auszuführen?

In einer positiven Arbeitsatmosphäre und für ein paar Leckerchen lernen Hunde gerne neue Tricks.

Die Anstrengung ist aber auch abhängig davon, wie hoch der Hund die Erfolgswahrscheinlichkeit einschätzt. Hat er also schon häufiger die Erfahrung machen müssen, dass die verlangte Tätigkeit ihn physisch oder psychisch überfordert, wird er zögerlicher (oder auch gar nicht) zur Tat schreiten, als wenn er seine Erfolgsaussichten hoch einschätzt und er nicht durch Verunsicherung gehemmt wird. Das heißt, je positiver und zuversichtlicher die Hunde die Gesamtsituation einschätzen, desto motivierter werden sie sich verhalten.

Die Außenreize beeinflussen die Motivation ebenfalls. Sie sind sozusagen ein Gegenspieler zu den motivationsauslösenden erwarteten Vorteilen oder Nachteilen. Je stärker die Außenreize sind und je empfänglicher der Hund dafür ist, desto mehr müssen wir uns einfallen lassen, um unseren Hund zu der von uns gewünschten Handlung zu veranlassen. Ein Beispiel: Während der Hund bei der Generalprobe im Garten noch zu atemberaubenden Höchstleistungen bereit war, mutiert er am nächsten Tag bei Opas Geburtstag zu einem tauben Etwas, das uns völlig ignoriert und mit zuckender Nase den Weg in die Küche sucht, während wir leicht beschämt versichern, dass er seine Dogdancing-Show (oder was auch immer) sonst eigentlich immer ganz toll macht. Wir Hundebesitzer neigen ganz stark dazu, für solche und ähnliche Ausfälle Entschuldigungen zu finden. Noch eine Situation, die mir immer mal wieder begegnet, ist folgende: Ich übe mit meinen Hunden gerne auch unterwegs. So kommt es immer wieder vor, dass einer von ihnen ein paar Elemente aus dem Repertoire zeigen darf (wirklich »darf«) und dies dann ab und an andere Hundebesitzer sehen, die das natürlich zum einen sehr interessiert, aber auch das nachvollziehbare Bedürfnis verspüren, zu zeigen, was ihr eigener Hund so alles kann. Zunächst noch etwas unentschlossen, ob dieser jetzt auch bereit ist, eine Kostprobe abzuliefern, fasst sich der Zuschauer dann aber ein Herz, schließlich ist er ganz stolz auf seinen Schatz. Und nicht selten schleicht sich bereits hier schon die erste Hürde in die Performance, denn der Hund ist an allem Möglichen mehr interessiert als daran, jetzt Tricks vorzuführen. Es wird also eine Weile gerufen, geflötet, aufmunternd in die Hände geklatscht. Derweil ist der Vierbeiner zwar körperlich immer mal anwesend, aber geistig ziemlich weit weg. Frauchen oder Herrchen weiß aber Rat und fasst etwas tiefer in die Tasche, um bessere Leckerchen hervorzuzaubern, die er oder sie dann ihrem unentschlossenen Hund säuselnd vor die Nase hält. Meistens ist der dann auch etwas gewogener und hudelt im Schnelldurchgang

Wie motiviert man einen Hund dazu, triebarme Aufgaben begeistert auszuführen?

Hund und Pferd arbeiten freiwillig und freudig mit.

ein paar Trickfragmente hin, schnappt sein Leckerchen und ist wieder unterwegs, um das zu tun, was Hunde nun mal gerne tun. Insgesamt ist es so, dass der Zweibeiner wesentlich mehr damit beschäftigt ist, seinen Hund zu rufen und um seine mentale Anwesenheit und Kooperationsbereitschaft zu kämpfen, als tatsächlich mit ihm zu arbeiten. Im Grunde ist dem Hundeführer auch meistens klar, woran es liegt, dass es ausgerechnet heute nicht so recht klappen will. Oft wird mit leichtem Vorwurf darauf verwiesen, dass meine Hunde (die brav abgelegt sind) den eigenen ja auch ablenken … oder es liegt daran, dass es zu warm, zu kalt, zu windig, zu nass, zu trocken ist. Am häufigsten wird jedoch diese Entschuldigung bemüht: »Tja, ich wusste ja nicht, dass er heute noch arbeiten soll, da hat er schon gefrühstückt und jetzt hat er hat wohl nicht genug Hunger, dann kann ich ihn halt auch nicht motivieren.«

Wie motiviert man einen Hund dazu, triebarme Aufgaben begeistert auszuführen?

Hat der Hund wirklich ein Motivationsproblem?

Wenn man zugrunde legt, dass der Hund natürlich eine gewisse Motivation braucht, um die Handlungsbereitschaft überhaupt erst einmal auszulösen, dann hat er in gewisser Weise schon ein Motivationsproblem. Man könnte dem Problem aber auch einen anderen Namen geben. Denn Schwierigkeiten bereitet ja in diesem Fall nicht die lustlose Art und Weise der Ausführung. Er ist nicht überfordert, ängstlich oder verunsichert, im Gegenteil, er ist gut drauf und mopsfidel. Das Hauptproblem ist, dass man als Hundebesitzer schon fast daran scheitert, seinen Schatz überhaupt in die Ausgangsposition zu dirigieren, um mit der geplanten Übung zu beginnen. Dass man ewig damit beschäftigt ist, seinen Hund überhaupt heran zu rufen und dann in die »Platz«-Position zu beordern, die als Ausgangsposition für das »Schleichen« notwendig ist, für den Trick also, den man eigentlich vorführen wollte ... Und das ist ganz einfach ein Problem des Grundgehorsams! An dem sollten Sie primär arbeiten, wenn Ihnen die geschilderte Situation nicht ganz unbekannt vorkommt. Wäre Ihr Hund brav auf das entsprechende Kommando erschienen, hätte sich ins Platz gelegt und sich dann auch noch folgsam auf das Kommando »Schleichen« ein paar Meter über den Boden gerobbt – aber das alles in einer Art und Weise, die den Eindruck erweckt, sämtliche Vitalfunktionen ständen ihm nur noch eingeschränkt zur Verfügung, dann hätte er ein Motivationsproblem.

Wie man das lösen kann, wird gleich erklärt – allerdings erst, nachdem wir uns um den Grundgehorsam gekümmert haben, der ganz einfach die Grundvoraussetzung für so ziemlich alles ist.

Der Grundgehorsam ist erfahrungsgemäß ein eher unpopuläres Thema, es hört sich auch immer besser an zu sagen, der Hund sei heute nicht so motiviert, was viele Gründe haben kann, als zuzugeben, dass er einfach nicht gehorcht – denn das hat im Wesentlichen nur einen Grund. Es interessiert ihn schlichtweg nicht sonderlich, was Sie möchten. Und er hat nie so recht gelernt, dass ein Kommando kein freundlicher Verhaltensvorschlag Ihrerseits ist, sondern eine Anordnung, die schlichtweg ausgeführt wird. Das ist recht einfach zu ändern und darum soll es jetzt gehen. Das große Ziel der meisten Hundebesitzer ist, den lieben Vierbeiner ganz positiv zu erziehen und damit zu bewirken, dass dieser auch entsprechend freudig mitarbeitet, man könnte auch sagen gehorcht, obwohl dieses Wort in letzter Zeit eher vermieden wird. Den Begriff »Gehorsam« umweht der ewig gestrige Geruch fieser Gewalt und hundlicher Persönlichkeitsberaubung. Die Hundeexpertenszene und die damit einhergehenden Expertenmeinungsvielfalt, was Erziehungsfragen im engeren und weiteren Sinn betrifft, ist groß, unübersichtlich und trägt teilweise bizarre Früchte. Manchmal ist dann verächtlich und etwas anklagend von Kadavergehorsam die Rede, davon, dass Hunde keinen Chef brauchen und einfach Hund sein sollten und keine Befehlsempfänger despotisch veranlagter Menschen – sowie die verblüffende Erkenntnis, dass ein Mensch gar kein Hund ist,

mit der daraus resultierenden Unmöglichkeit, ein »Rudelführer« zu sein. Diese Richtung hat auch einige Anhänger, die endlich eine Methode gefunden zu haben scheinen, nach der unerzogene Hunde nicht nur entschuldigt, sondern wohl auch ausdrücklich erwünscht sind. Nun ist das etwas überspitzt dargestellt und (fast) jeder Ansatz hat Aspekte, die beachtenswert sind und durchaus berücksichtigt werden sollten. Es tut immer gut, über den Tellerrand zu schauen, Dinge in Frage zu stellen und nicht schon vorher alles besser zu wissen. Sonst würden wir vielleicht immer noch alle auf der Stelle treten und unsere Hunde würden darunter leiden, dass wir Deprivation und Unterdrückung für geeignete Erziehungsgrundsätze hielten.

Tatsache ist aber, dass ein zuverlässiger Gehorsam unumgänglich ist, wenn man mit seinem Hund in irgendeiner Disziplin aktiv werden möchte. Der Gehorsam ist quasi der Unterbau, das sichere Geflecht für alles, was darauf aufbaut. Klar kann es passieren, dass unser Hund mal einen »schlechten Tag« erwischt und sich nicht gut auf uns und seine Aufgabe konzentrieren kann, aber mit einem funktionierenden Gehorsam wird es uns nicht passieren, dass er uns »eiskalt« stehen lässt und lieber im Zuschauerraum entdeckte Freunde begrüßt, anstatt in einer dogdance-Choreographie mit uns zu interagieren. Vielleicht schwebt er nicht lächelnd und selbstvergessen neben uns her, aber wenn er weiß, dass »Bei Fuß« ein Kommando ist, und wenn ihm glasklar ist, dass Kommandos befolgt werden müssen, dann ist das schon mal etwas, auf dem man aufbauen kann. Mit »Klatsch Klatsch« und »Quitsch

Asim ist immer und überall zum Training zu motivieren.

Wie motiviert man einen Hund dazu, triebarme Aufgaben begeistert auszuführen?

Quitsch« kann man einen Hund, der ohnehin nichts anderes vorhat bestimmt toll zum Mitmachen motivieren. Aber stellen Sie sich mal vor, Sie kommen auf eine Fläche, auf der zuvor eine Hütehundvorstellung stattgefunden hat. Und die Schafe haben überall enorm viele unwiderstehliche Leckerchen aus ihren Hinterteilen hinterlassen, ihr Hund schaltet die Nase ein und das Gehör aus. Während er ekstatisch die Köttel aufsaugt, rufen Sie ein paar Mal fröhlich und vergeblich »Komm«, machen lustig »Uiuiuih« und was man noch alles so verzweifelt hervorquietscht, wenn man dem Hund zu suggerieren versucht, dass Arbeiten doch viel lustiger ist, als das was er gerade tut ... Ich kann Ihnen sagen, das wird nichts. Auch die extrinsische Motivationsquelle, das Futter in Ihrer Hand, dass Sie Ihrem schmatzenden Schatz als Tauschgeschäft anzubieten versuchen, bleibt blass. Es gibt nur zwei Möglichkeiten, die erste ist (und darauf wollen wir in diesem Buch hinaus), Sie haben Ihrem Hund die Arbeit

Ein aufmerksamer und kooperationsbereiter Australian Shepherd.

Wie motiviert man einen Hund dazu, triebarme Aufgaben begeistert auszuführen?

mit Ihnen so dermaßen schmackhaft gemacht (und das meine ich diesmal nicht nur wörtlich sondern auch im übertragenen Sinn), dass er die Arbeit mit Ihnen **allem** anderen vorzieht. Bei meinem Asim habe ich das beispielsweise geschafft – aber das war er bei aller Arbeitsfreude auch nicht von Anfang an so. Das Schafsköttelbeispiel kommt nicht von ungefähr, denn bei Vorführungen in diversen Showprogrammen hat es uns immer mal wieder »erwischt«, der unbeliebte nächste Programmpunkt nach den Schafen zu sein. Am Anfang half da nur die zweite Möglichkeit, ein klares, deutliches »Nein!« und natürlich die »to do«-Kommandos (»Bei Fuß« etc). Und je weiter wir in unserem Motivationsprogramm über die Jahre fortgeschritten waren, desto uninteressanter wurden Köttel & Co und desto weniger brauchte ich den Gehorsam für den »Arbeitsbereich«. Ein gesicherter Grundgehorsam hat noch einen anderen wichtigen Joker im Ärmel: In manchen Situationen, und dazu gehören alle diejenigen, in denen der Hundeführer selbst sehr aufgeregt ist und sich anders verhält als sonst, wenn sich die Stimme komisch anhört und er für den Hund anders riecht, reagiert er verunsichert. Und genau dann ist eine deutliche Anleitung, ein nüchternes Kommando für viele Hunde wie eine Erlösung. Denn ein wie gewohnt ausgeführtes Kommando suggeriert Sicherheit und Normalität. Ein aufgeregt gequietschtes unnatürlich lustiges Anfeuern wirkt dann oft eher verunsichernd für den Hund.

Nachdem ich mir so viel Mühe gemacht habe, Sie ganz heiß auf den ungeliebten Grundgehorsam zu machen, kommen wir nun zu diesem Grundpfeiler.

Training am Nordseestrand.

Wie motiviert man einen Hund dazu, triebarme Aufgaben begeistert auszuführen?

Der Grundgehorsam

Der Merksatz lautet hier: Belohnen und nicht bestechen! Ich will das kurz anhand eines Beispiel darstellen: Angenommen, wir möchten mit unserem Hund gerne ein bisschen auf einer Wiese trainieren. Er hat unseren Leckerlibeutel gesehen und kommt relativ fröhlich herbei. Dafür erhält er den ersten Hundekeks, was ja auch völlig in Ordnung ist, schließlich hat er ein Verhalten angeboten, das wir haben wollten. Dann geben wir ihm das Kommando »Bei Fuß«. Er guckt erst noch einmal in der Gegend herum, wir wiederholen das Kommando noch 2–3 Mal in ansteigender Fröhlichkeit. Dann guckt er wieder zu uns – und bekommt prompt den nächsten Keks. Und so ähnlich geht es dann weiter, der kluge Hund macht ein paar Schritte »Bei Fuß« und entscheidet dann, dass es erst einmal reicht. Er begibt sich auf direktem Weg zum nächsten Baum, um Markierungsarbeiten durchzuführen. Und schon ist der Zweibeiner ganz fröhlich, viel fröhlicher noch als zuvor, als er die langweiligen »Bei Fuß«-Schritte gemacht hat. Zudem wird jetzt auch noch ein Hundekeks gezückt! Die Nase schnuppert schon einmal vom Baum Richtung Keks ... aber noch ist er nicht ganz fertig. Es wird fröhlich in die Hände geklatscht, verführerisch gejodelt und außerdem noch der Einsatz erhöht, indem der Keks durch einen Käsewürfel ausgetauscht wird. Schließlich möchte man dem Hund ja zeigen, dass es sich lohnt, wieder zurückzukehren. Das ist ziemlich genau die Vorgehensweise, die man auch in der Hundeschule lernt. Aber betrachten wir das noch einmal genauer aus der Sicht des Hundes: Für ihn kann es eigentlich kaum besser laufen.

Er macht mit, solange es nichts Wichtigeres zu erledigen gibt. Tut er zwischendrin aber mal, was ein Hund so tun muss, dann hat das keine Konsequenzen für ihn – beziehungsweise doch: Es wird noch besser! Er selbst ist mit interessanten Dingen befasst und Frauchen oder Herrchen scheint sich derweil ja auch ganz prächtig zu amüsieren, denn es wird fröhlich in die Hände geklatscht. Und sobald er sein Hundeding erledigt hat und sein Mensch und das Futter in dessen Hand zur interessanteren Alternative geworden sind, kommt er fröhlich wieder zurück und holt sich ein Leckerchen ab.

Welchen Grund hätte ein Hund, sein Verhalten zu ändern? Wieso sollte er beim ersten Rufen kommen und konzentriert mitarbeiten? Genau, keinen. Was ist die Konsequenz? Sein »Nicht-Mitmachen« sollte auf keinen Fall bestätigt werden – und nichts anderes tut man, wenn man noch freundlicher, noch fröhlicher und noch leckerer wird, während der Hund weiterhin tut, was er will. Den Hund zu locken und dabei zu hoffen, dass man möglichst doch die interessantere Alternative ist, ist keine erfolgversprechende Erziehungsmethode. Da ist es nun wirklich an der Zeit, den Spieß umzudrehen – ganz nach dem einfachen, aber sehr effektiven Grundsatz:

 Erwünschtes angenehm gestalten und Unerwünschtes unangenehm gestalten.

Wie motiviert man einen Hund dazu, triebarme Aufgaben begeistert auszuführen?

Konkret heißt das: Wir möchten, dass unser Hund mitarbeitet und kooperiert. Er hat andere Vorstellungen und lässt uns stehen. Wenn er sich nur mal kurz vergessen hat, aber auf Zuruf sofort bereit ist, sein Vorhaben wieder aufzugeben und zurückkehrt, prima! Ignoriert der Hund aber das »Komm«-Kommando und geht lieber schnüffeln, dann mache ich ihm das Schnüffeln eben madig. Ich kann nicht in Konkurrenz treten zu interessanten Pippiflecken, zu Schafsköttel oder weitaus Ekligerem, das wir mal diskret unausgesprochen lassen ... Selbst mit der besten Biofleischwurst sehe ich dagegen blass aus. Folglich bin ich nun **nicht** mehr freundlich, ich erschrecke meinen Hund bei seiner Tätigkeit, stampfe schimpfend auf (Achtung: Das Kommando zu schimpfen ist absolut tabu!), werfe die Leine oder eine Rasselbüchse neben ihn oder was sonst nötig ist, um ihm sein Vergnügen zu vergrätzen. Dabei schaue ich natürlich genau, was für ein Typ mein Hund ist. Wenn er beim ersten »Buh« kollabiert, brauche ich viel weniger Getue, als bei einem dickfelligeren Kollegen. Habe ich es erreicht, dass mein Hund mich dann alarmiert anschaut, lege ich den Schalter um, denn ich habe das, worauf es ankommt, nämlich seine ungeteilte Aufmerksamkeit. Ich lächele ihn an und flöte ihm so fröhlich wie ich kann mein »Komm« (oder was auch immer) entgegen. Der Hund, dem das Schnüffeln nun ja gar keinen Spaß mehr gemacht hat, wird glücklich sein, dass ich ihm diese tolle, fröhliche Alternative biete und er wird kommen. Erst **dann** bekommt er eine Belohnung, denn in diesem Fall hat er ja ein Kommando befolgt. Verstehen Sie? Ich habe mich zur besseren Alternative gegenüber dem Schnüffeln dargestellt, indem ich es ihm unangenehm gemacht habe. Das Befolgen des Kommandos (**ohne** Bestechung!) ist nun die wesentlich angenehmere **und** dann wegen der Belohnung auch noch lohnendere Alternative. Beachten Sie diese Grundsätze, haben Sie bald gar keine Probleme mehr mit dem Durchsetzen von Kommandos.

Wichtig!

 Das Grundgehorsam-Problem ist mit Sicherheit keines, das aus dem Nichts auftaucht, wenn man ein paar schöne Tricks zeigen oder eine »Bei Fuß«-Strecke gehen möchte. Es wird ein ständiger Begleiter im Alltag sein – und genau dort muss angesetzt werden. Wenn ein Kommando gegeben wird, **muss** es durchgesetzt werden. Wenn man es ohnehin nicht sonderlich ernst meint, gibt man das Kommando besser gar nicht erst.

Wie motiviert man einen Hund dazu, triebarme Aufgaben begeistert auszuführen?

Bevor man nach dieser Methode vorgeht, sollte man wirklich sicher sein, dass der Hund das Kommando auch tatsächlich kennt. Bitte überprüfen Sie das lieber doppelt und dreifach. Und natürlich muss er auch körperlich in der Lage sein, das Kommando auszuführen. Es ist ebenfalls ganz wichtig zu bedenken, dass man mit dem Motto »Tu es und fertig!« in Situationen, in denen der Hund stark verunsichert ist und wirklich nicht so richtig kann, mehr schadet als nützt. Hier ein Kommando mit Druck durchzusetzen wäre ganz verkehrt und würde das Vertrauen des Hundes erschüttern. Da hilft es nur zurückzugehen und dort wieder anzusetzen, wo der Hund auch in der Lage ist, mit uns zu kooperieren. Ob der Hund überfordert ist, ist nicht immer ganz leicht zu erkennen. Angenommen, ich verlange von meinem Hund, dass er auf Entfernung wie ein Stein ins »Platz« fällt und dort reglos verharrt, während ein Trupp kläffender Kleinhunde in zwanzig Zentimeter Entfernung an ihm vorbeipöbelt. Und nehmen wir weiterhin an, jener Hund ist gerade erst dabei, das »Platz« direkt neben mir zu lernen, dann ist völlig logisch, dass durchzusetzender Grundgehorsam hier fehl am Platz ist. Müßig zu erwähnen, dass ich mit einer derartigen Überforderung auch nicht gerade die Motivation meines Hundes zu Mitarbeit fördere.

Allerdings ist es nicht immer so leicht zu beurteilen, ob eine Aufgabe den Hund überfordert. Auch ein ganz einfaches Kommando wie »Sitz« kann eine Überforderung sein. So beherrscht meine Mirabelle ein einwandfreies »Sitz« und muss das selbstverständlich auch ausführen. Stehe ich aber mit ihr an der Ampel, um die Bundesstraße zu überqueren, und lasse sie sitzen, dann zuckt sie immer wieder hoch, sobald sich ratternd ein großer LKW nähert. Sie schleckt sich über die Schnauze und zeigt deutliche Anzeichen von Unbehagen und Stress. In diesem Fall bestehe ich nicht auf Ausführung des Kommandos, sondern setze sie ein paar Meter weiter entfernt von der Straße ab. Merke ich, dass sie mit dem Abstand zurecht kommt, bestehe ich auch auf die Ausführung des Kommandos. Würde allerdings Asim an der gleichen Stelle behaupten, er könne dort nicht sitzen, käme er damit nicht durch. Aber auch er hat nicht in der Geborgenheit des Wohnzimmers das Kommando erlernt und musste es dann hurtig neben einem startenden Flugzeug ausführen.

Es gibt kein Patentrezept, wie man erkennen kann, ob der Hund von Außenreizen wirklich so überwältigt, beeindruckt oder gar verängstigt ist, dass auch ein sonst unproblematisches Kommando eine Überforderung darstellt. Hier hilft es einzig, seinen Hund gut zu beobachten – und im Zweifelsfall lieber einmal mehr für den Hund zu entscheiden … auch wenn der sich dann vielleicht listig ins Pfötchen lacht.

Nun kommen wir zum nächsten Schritt auf dem Weg zum motivierten Hund.

4 Die drei Bereiche im Hundetraining

Die drei Bereiche im Hundetraining

Die drei Bereiche im Hundetraining

→ **Alltags-/Rudelbereich:** das alltägliche Zusammenleben, der Hund hat sich an Regeln zu halten. Die Kommunikationsbereitschaft und der Grundgehorsam werden etabliert und trainiert.

→ **Arbeitsbereich:** Speziellere Aufgaben des Hundes werden trainiert – Lernen, festigen, präzisieren.

→ **Motivationsbereich:** Spiel, Spaß, Freude.

Der Alltagsbereich

Im Alltagsbereich geht es darum, täglich benötigte Kommandos und Verhaltensregeln mit Mensch und Tier zu erlernen und abzusichern. Er ist die Basis für alles, was darauf aufbaut. Der Grundgehorsam ist die Grundlage. Natürlich wird auch hier mit Belohnung gearbeitet, ganz besonders während des Erlernens der Grundkommandos aber grundsätzlich gilt hier ganz simpel: »Was Herrchen/Frauchen sagt, wird gemacht«, wir verlangen ein anständiges Rudelverhalten. Es wird nicht aus dem Auto gehopst, bevor man darf, man zieht nicht wie blöd an der Leine, man pöbelt nicht rum, »Sitz« bedeutet Sitz und ein »Komm«-Kommando hat zur Folge, dass der Hund kommt! Dies alles wird so freundlich wie möglich und so streng wie nötig geübt. Wobei streng – oder man könnte auch sagen konsequent – eben nicht unfreundlich heißt. Aber hier wird nicht inflationär mit Leckerchen & Co ausgehandelt. Wohlverhalten sollte aber schon auch registriert und bestätigt werden, dies gerne auch durch ein nettes Wort, ein Lächeln, ein Streicheln etc.

Am Bordstein zu sitzen, bevor die Straße überquert wird, gehört für meine Hunde zu den täglichen Kommandos.

Die drei Bereiche im Hundetraining

Tipp:

→ Der Vollständigkeit halber möchte ich hier am Rande kurz erwähnen, dass es auch diesbezüglich einige Diskussionen gibt, die wie die meisten Hundeerziehungsthemen mit zum Teil missionarischem Eifer geführt werden. Es geht ganz grob gesagt um die Frage, ob man einen Hund denn nun »nur« auf ein Verhalten konditioniert, wenn man mit Belohnungen arbeitet, und eben dadurch angeblich nicht reell erzieht, die »natürliche« Kommunikation (Körpersprache, Stimme etc.) auf der Strecke bleibt und wir uns einen asozialen kleinen Roboter heranclickern/füttern, der mit uns persönlich eigentlich gar nicht kommuniziert. Zu diesem Thema wurden schon viele kluge und absurde Theorien aufgestellt.

Mein Tipp ist, sich davon nicht verunsichern zu lassen, die eigenen Ziele gut zu überprüfen und auch ganz einfach praktisch an die Sache heranzugehen und zu schauen, was Ihnen und Ihrem Hund gefällt und guttut. Ich persönlich halte es so, dass meine Hunde ihre Grundausbildung in Sachen Sitz, Platz & Co. viel lieber, leichter und schneller lernen, wenn ich das erwünschte Verhalten mit Futter bestätige. Ich füttere dann aber nicht einfach nur, sondern verleihe meiner Freude an einem gelungenen »Platz« oder auch mein Missfallen an einem aufsässigen Ignoranten durch Stimme, Körpersprache etc. Ausdruck. Ist das Element aber erst einmal erlernt, setze ich voraus, dass sie es auch tun. Bestätigt wird dann hauptsächlich über Zuwendung und Lob etc.

Der Arbeitsbereich

Der zweite Bereich, der uns in diesem Zusammenhang interessiert, ist der von mir so genannte »Arbeitsbereich«. Während im Alltags-/Rudelbereich zwar auch so viel Friede-Freude-Fleischwurst wie möglich herrscht, es aber letztlich darauf ankommt, dass unser Hund (egal mit wie viel Freude) das Kommando befolgt, befinden wir uns jetzt in dem darüber hinausgehenden Bereich Hobby und Sport. Hier möchte man, dass der Hund an der gemeinsamen Tätigkeit Spaß hat, dass er eben richtig »motiviert« mitmacht.

Die extrinsischen Motivationsquellen im Arbeitsbereich

Und hier kommt nun die extrinsische Motivation voll zum Zuge. Denn im Arbeitsbereich lernt der Hund neue über die Grundlagen hinausgehende Elemente, es wird geübt und gefestigt. Und es wird an der Präzision gearbeitet. Der Hund soll lernen und das kann er nur, wenn er mit Freude bei der Sache ist. Ein Hund, der mit negativem Druck und Gewalt neue Dinge lernen soll, ist blockiert und ungleich schlechter

Die drei Bereiche im Hundetraining

in der Lage, Neues aufzunehmen und umzusetzen, als ein Hund, der eine freudige zuversichtliche Grundstimmung hat. Dies ist schon lange kein Geheimnis mehr und deswegen wird dem Hund das Training mit Leckerchen versüßt, es wird geclickert und mit Spielzeugen bestätigt. Die Motivationsquelle ist die extrinsische Motivation, der Hund kooperiert, weil er sich davon einen Vorteil verspricht. Er führt auch dann seine Aufgaben aus, wenn es sich dabei um Tätigkeiten handelt, auf die er eigentlich auch ganz gut verzichten könnte.

Wie freudig er das tut, ist nun von vielen Faktoren abhängig. Am offensichtlichsten hängt die Motivation vom Wert der »Gegenleistung«, der in Aussicht gestellten Belohnung, ab. Das ist von Hund zu Hund ganz unterschiedlich, ein typischer Labrador mit entsprechendem Appetit wird sich für einen schnöden Kekskrümel richtig ins Zeug legen und voller Vorfreude auf diesen Gaumengenuss schon während des »Bei Fuß«-Gehens fröhlich mit dem Schwanz wedeln. Ein Saluki wird das gleiche Angebot vielleicht eher als Beleidigung denn als Belohnung auffassen und sich desinteressiert anderen Dingen zuwenden. (Was der kluge Saluki-Besitzer aber nicht zulässt: Stichwort Grundgehorsam. Nun befinden wir uns aber nicht im Alltags-, sondern im Arbeitsbereich und da gelten etwas andere Regeln. Wie in so einem Fall am erfolgversprechendsten vorzugehen ist, wird später erklärt.)

In diesem Zusammenhang sei erwähnt, dass aber genau jene Dosierbarkeit einer der Vorteile der extrinsischen Motivation ist. Wird der Hund beim Einsatz von Putenbruststreifen zu hektisch und kann vor lauter Sabbern kaum noch denken, gibt es eben nur Knäckebrot zur besseren Konzentration. Besonders unbeliebte Aufgaben können bei geschickter Vorgehensweise zu Lieblingsaufgaben werden, wenn es dafür immer oder (für den Hund nicht vorhersehbar) immer mal wieder eine ganz besonders hochwertige Belohnung gibt. Hier wird wieder deutlich, dass die Übergänge von extrinsischer und intrinsischer Motivation ineinander fließen, denn der Hund beginnt automatisch, das ausgeführte Element in enger Verbindung mit der begehrten Belohnung zu sehen. So kommt es, dass Aufgaben, die von Natur aus nicht intrinsisch motiviert sind, vom Hund positiv bewertet werden. Die Verbindung mit der Belohnung und das dadurch ausgelöste gute Gefühl während der Aufgabe bewirken, dass der Hund Gefallen an der Sache selbst findet. Und das ist es ja, was wir gerne möchten, weg vom reinen Tauschgeschäft. Sie erleben auf diese Art bald einen Hund, der zumindest einen gewissen Spaß an der Tätigkeit selbst hat und somit auch wesentlich weniger störanfällig während der Übungen ist. Auch der Hundeführer hat mehr Spaß am gemeinsamen Training, wenn er merkt, dass sein Hund echte Freude an der Tätigkeit entwickelt.

Der Einsatz von Futter, als Verstärker hilft uns auch dabei, den Hund exakt zu positionieren oder ihm den Bewegungsweg zu zeigen. Wichtig ist natürlich, dass das Folge-Leckerchen dann auch wieder abgebaut wird, denn der Hund soll ja selbständig arbeiten und nicht den Verstand ausschalten und nur der Nase folgen. Sinnvoll ist es im Übrigen auch, das Folgen der Hand oder der Leckerchen in der Hand

Die drei Bereiche im Hundetraining

Für das Berühren der Hand gibt es einen Click und ein Leckerli zur Belohnung.

zu benennen, bspw. »Touch«. So besteht später in der Ausbildung die Chance, verständlich zu differenzieren, wann der Hund der Hand folgen soll und wann er im verbal vorgegebenen Kommando zu bleiben hat, auch wenn die Hand sich bewegt.

Futter als Belohnung hat also den Vorteil, dass es präzise und differenziert einsetzbar ist. Die meisten Hunde sprechen natürlich sehr gut darauf an. Die Belohnungsfrequenz ist ganz individuell. Während des Erlernens eines neuen Elements wird sie höher sein, als bei einer bereits gefestigten Übung, grundsätzlich sollte man den Hund immer wieder mit unterschiedlichen Belohnungsfrequenzen und auch mit unterschiedlich »wertvoller« Belohnung überraschen, um seinen Erwartungshaltung jederzeit hoch zu halten. Futter ist aber nur **eine** Belohnungsmöglichkeit, unseren Hund zum motivierten Arbeiten zu veranlassen.

Die drei Bereiche im Hundetraining

Der Einsatz von Spielzeug als Belohnung löst meist große Freude aus.

Der Einsatz von **Spielzeug** ist für viele Hunde eine sehr wertvolle Belohnung. Der Nachteil von Ball & Co im Arbeitsbereich ist, dass die Hunde oft recht »hochfahren« und sich schlechter auf die gestellte Aufgabe konzentrieren können. Ein weiterer Nachteil ist, dass ein geworfenes Bällchen das Training zunächst einmal unterbricht, denn während ein weiches Futterbröckchen schnell geschluckt ist, dauert es einfach seine Zeit, bis man nach einem Spielzeugeinsatz wieder konzentriert an komplizierten Dingen weiter arbeiten kann. Eine andere Möglichkeit ist die **Kombination aus Futter und Spielzeug** und das letztere eben erst dann einzusetzen, wenn es in den Trainingsablauf passt, also beispielsweise nach einer konzentrierten und zwischendrin mit Futter belohnten Trainingsbahn. Was beim Spielen beachtet werden sollte, dazu kommen wir später noch ausführlich.

Die drei Bereiche im Hundetraining

Erfolg motiviert!

Ein Hund, der Erfolge erzielt, ist motivierter als ein Hund, der immer wieder Misserfolge zu verdauen hat. Hunde haben einen besonders guten Riecher, wenn es darum geht, die Grundstimmung von Herrchen oder Frauchen zu erfassen. Ein Hundeführer, der stolz ist auf die Leistung seines Hundes, hat eine für diesen deutlich wahrnehmbare positive Ausstrahlung. Außerdem geht es hier nicht nur etwas diffus um »Stimmungen«, sondern auch ganz konkret um die Bestätigung für den Hund bei der Erfüllung einer geforderten Leistung. Um das zu erreichen, muss es unbedingt vermieden werden, dass der Hund sich überfordert fühlt. Das Gefühl der Überforderung ist rein subjektiv, deswegen können wir nicht mit unseren Maßstäben an die Beurteilung herangehen, sondern müssen unsere Hunde gut beobachten. Manchmal sind es schon die Umgebung oder die Uhrzeit oder der Baulärm auf dem Nachbargrundstück, die Überforderung veranlassen können, obwohl sie objektiv gesehen kein Problem darstellen.

Wenn Sie am Anfang des Buches gut aufgepasst haben, dann werden Sie jetzt vielleicht stutzen ... und sich fragen, wozu in aller Welt Sie sich durch das ganze Grundgehorsamgeschreibsel gequält haben, wenn jetzt also doch auf die Befindlichkeiten der Hunde Rücksicht genommen werden soll. Ganz einfach, es geht um Befindlichkeiten und es geht um den Arbeitsbereich! Es geht nicht darum, dass unser Schatz die Ohren zuklappt und es vorzieht, uns zu ignorieren, um eigene Pläne zu verfolgen. Ein Beispiel: Ich gehe an einem Grundstück vorbei, auf dem ein ausgelassener Kindergeburtstag gefeiert wird. Mein Hund findet es etwas komisch, dass da heute so viel Lärm ist. Er hat keine Angst, macht sich aber sichtlich so seine Gedanken. Sollte er nun auf mein »Komm« nicht reagieren, zöge das Diskussionsbedarf nach sich. Er muss nicht mit fliegenden Öhrchen angesaust kommen, aber ein »Kommen« ist nicht zu viel verlangt. In gleicher Situation würde ich aber nicht von ihm verlangen, fokussiert und freudig mit mir zu arbeiten.

Und während ich im Alltagsbereich also schon auch schaue, dass meine Hunde überhaupt in der Lage sind, das Kommando auszuführen, aber durchaus ein bisschen hin und her probieren und ein »dann-doch-Durchsetzen« völlig in Ordnung ist, ist der Arbeitsbereich »sensibler«, da möchte man alles vermeiden, was irgendwie demotivierend wirken könnte.

Man schafft im Arbeitsbereich die bestmöglichen Ausgangspositionen, um dem Hund das Lernen und Arbeiten so einfach und erfolgversprechend wie möglich zu gestalten. Kann er sich in Gegenwart von anderen Hunden schlecht konzentrieren, dann trainiert er eben erst einmal alleine. Die Gewöhnung an die Gegenwart anderer Hunde sollte selbstverständlich stattfinden, aber nicht gerade dann, wenn man den Hund in die Freuden des fokussierten und konzentrierten »Heelings« einweist. Hier sollten die Voraussetzungen so geschaffen werden, dass der Erfolg so sicher wie möglich ist. Dazu gehört auch, die Elemente in Klein- und wenn nötig Kleinstteile aufzudröseln. Drei hochkonzentrierte Schritte, die so gelaufen wurden, wie wir uns das vorgestellt haben und dann belohnt und

Impulskontrolle: eine schwierige Aufgabe! Asim muss sein Spielzeug ignorieren und mich anschauen. Als Belohnung darf er es dann nehmen.

bejubelt werden, sind viel mehr wert als eine ganze Bahn, bei der der Hund immer wieder abschweift und korrigiert werden muss. Die Anforderungen steigen proportional mit der Sicherheit und der Leistungsfähigkeit des Hundes. Es gilt, mögliche Fehler zu vermeiden, bevor sie passieren. Das wiederum setzt voraus, dass man seinen Hund gut kennt, ihn einschätzen kann und dass man spürt, dass er mental gleich entgleiten wird, am besten noch bevor er es weiß. Natürlich ist es kein Unglück, wenn der Hund einen Fehler macht, wenn er fahrig wird und nicht mehr konzentriert mitarbeitet oder tatsächlich beispielsweise anstatt der geforderten Rückwärtsbewegung ratlos und leicht kopflos vor sich hin kreiselt. Wie der Hund einen Misserfolg auffasst und wie demotivierend das für ihn ist, wird vor allem durch unsere Reaktion bestimmt. Es bietet sich an, ein Signalwort für die Situation »das war leider nicht richtig, ist nicht schlimm, wir versuchen es noch einmal, du bist trotzdem toll« zu benutzen. Gerade beim Clicker-Training ist das recht gängig. Der Hund bietet ein Verhalten an, das nicht das richtige war und bekommt über ein Signalwort, z. B. »Schade« die freundliche Information, dass er es noch einmal versuchen soll. Passiert das nicht allzu oft hintereinander, scheint es die Motivation des Hundes nicht im Geringsten zu beeinträchtigen. Ein miesepetriger, ungeduldiger Abbruch mit dem Untertitel »Mei bist du deppert« löst da schon andere Emotionen aus.

Das korrekte Timing bei der Belohnung

Auch das richtige Timing der Belohnung trägt zum Trainingserfolg bei. Zunächst ist es ganz

Freundschaft und Vertrauen.

entscheidend, sich darüber im Klaren zu sein, welches Verhalten während der Trainingseinheit belohnt werden soll. Man sollte sich im Voraus überlegen, worauf man den Schwerpunkt legt, welches Verhalten hervorgehoben und verstärkt werden soll. Natürlich soll während der ganzen Trainingssequenz eine positive Grundstimmung vorherrschen, aber der richtige Belohnungszeitpunkt hängt vom Trainingsziel ab.

Möchte ich die Ausdauer und das Durchhaltevermögen meines Hundes besonders hervorheben, dann ist die Belohnung am Ende der Sequenz, beispielsweise nach einer langen Seite konzentrierten flüssigen Slaloms um die Beine, genau richtig vergeben. Läuft der Hund den Slalom um die Beine zwar eigentlich problemlos, aber in einem eher komatösen Tempo, dann ist die Belohnung nach einer langen Seite Schnarchslalom zwar eine nette Geste, wird aber an dem Problem nichts ändern. Hier wäre es richtig, eine sehr hochwertige Belohnung in direkte Aussicht zu stellen und dem Hund ganz

Die drei Bereiche im Hundetraining

wenige, ganz schnelle Slalombewegungen zu entlocken, die dann auch sofort, am besten noch während der schnellen Bewegung, gegeben werden sollte. Schließlich soll der Hund auch wissen, welches Verhalten genau denn diesen großen Anklang findet. Hat der Hund dabei die Angewohnheit, zwar links sehr eng am Bein zu laufen, rechts aber fürchterlich weit auszuholen, dann ist es am effektivsten, genau dann das Wurststückchen zu geben, wenn man es geschafft hat, den Hund etwas enger an das Bein zu holen. Das genaue Timing ist beim Clicker-Training noch entscheidender. Die meisten Hunde arbeiten beim Clickern sehr motiviert mit. Sie haben gelernt, den Click mit der Belohnung in Verbindung zu bringen. Sie wissen also genau, dass auf einen Click das Futter folgt. Wenn die Hunde das abgespeichert haben, kann man den Click als einen sogenannten Marker verwenden. Das heißt, in genau dem Moment, wo der Hund ein Verhalten zeigt, dass wir haben wollen, wird geklickert. Und dann folgt die Belohnung. Da die Hunde genau wissen, dass auf den Click das Futter folgt, kann man sich mit der eigentlichen Futtergabe mehr Zeit lassen, ohne dass der Trainingseffekt dahin ist. Denn die Hunde, die sorgfältig »angeclickert« wurden, wissen, dass sie für genau das Verhalten, das sie während des Clicks gezeigt haben belohnt werden. Viele Hunde lieben das Clickertraining so sehr, dass sie damit beginnen, »Vorschläge« zu machen, sobald das Frauchen oder Herrchen den Clicker in die Hand nimmt. So hochmotiviert reagieren die Hunde aber hauptsächlich dann auf den Clicker, wenn er auch tatsächlich als ein Verhaltensmarker eingesetzt wird. Leider wird der Clicker viel zu oft als ein Wischiwaschi »brav gemacht« in Clickersprache missverstanden, wenn nämlich am Ende einer Sequenz anstatt der normalen »Gut-mitgemacht-Belohnung« ein Click + Futter kommt. Würde man das so bei einem richtig gut geclickerten Hund machen, der den Marker auf sein gezeigtes Verhalten bezieht, so hätte das den Effekt, dass wir dem Hund, der gerade mit seiner Lektion aufgehört hat, also sein erwünschtes Arbeitsverhalten aufgelöst hat, signalisieren, dass dies ganz genau das ist, was wir haben wollen. Natürlich ist das sehr unwahrscheinlich, denn wenn man es geschafft hat, den Hund perfekt auf den Marker zu konditionieren, wird man nicht plötzlich vergessen, wie das eigentlich mit dem Timing geht. Ich wollte nur verdeutlichen, dass es sehr wohl große Auswirkungen haben kann (und wunderbare Trainingsmöglichkeiten schafft), wenn man sich vorher darüber im Klaren ist, welches Verhalten man hervorheben möchte und seinen Hund dann sehr genau beobachtet, um ihn im richtigen Moment zu belohnen.

Ein anderer Aspekt des Timings ist folgender: Wie wir ja bereits wissen, ist es vorteilhaft, mögliches Fehlverhalten schon zu erahnen und wie oben besprochen geschickt zu korrigieren, bevor es zu einem Verhaltensabbruch und einer umfangreicheren Korrektur kommt. Aber auch beim sorgfältigsten Vorgehen und bei den besten Trainingsvoraussetzungen wird es immer mal wieder passieren, dass sich der Hund aus seiner Aufgabe verabschiedet. Im Alltagsbereich wird man ohne viel Federlesens den abtrünnigen Hund auffordern, sein Kommando zu befolgen. In diesem Fall ist es auch nicht ganz so wichtig, dass er dabei freudestrahlend mitmacht. Wie gehen wir aber nun

Die drei Bereiche im Hundetraining

Aufmerksame und kommunikationsbereite Hunde sind die Grundlage eines erfolgreichen Trainings.

vor? Nehmen wir am besten wieder ein Beispiel. Und bemühen wir wieder unser Synonym für langweilige Aufgaben, »Bei Fuß«. Der Hund hat seine Position eingenommen, er schaut zu seinem Zweibeiner hoch und läuft vorbildlich neben ihm her. In einiger Entfernung landet gerade eine Krähe, die er nicht jagen darf, aber gern würde, und sein Blick zuckt immer wieder zum Objekt der Begierde. Er läuft nun nicht mehr so schön, sondern ein wenig zackelig und er ist eindeutig nicht mehr bei der Sache. Wenn man ihm in diesem Zustand ein Leckerchen vor die Nase hält (... und das ist erfahrungsgemäß die übliche Reaktion) und fröhlich motivierend anspricht, hat man gute Karten, seine Aufmerksamkeit zumindest für kurze Zeit wieder zurück zu erlangen. Wenn man dann nach ein paar schön gelaufenen Schritten die Lektion rasch beendet, scheint alles gut gelaufen zu sein. Aber bei genauerer Betrachtung stellen wir fest: Das Timing der ersten Belohnung war ungünstig – Dem Hund das Leckerchen vor die Nase zu halten und ihn vielleicht auch wenig daran lecken zu lassen kombiniert mit der fröhlich/unterstützenden Ansprache **ist** eine Belohnung! Genau das Verhalten, welches be-

Die drei Bereiche im Hundetraining

stärkt wurde, ist eines, das wir eigentlich nicht noch hervorheben und belohnen möchten. Am besten wäre es gewesen, wenn wir die Krähen noch vor dem Hund entdeckt und die Lektion störungsfrei beendet hätten. Dann hätte sogar das »Krähenglotzen« als Belohnung für ein tolles »Bei Fuß« benutzt werden können. Nun ist es aber anders gelaufen und der Hund zappelt unkonzentriert nebenher. Man kann versuchen, seine Konzentration zurückzugewinnen, indem man ihn aufmerksam macht, sowas wie »hey hey« etwa. Oder wir geben ihm das Signalwort für »das war leider nichts, versuch´s noch einmal«. Wenn er dann sofort kommunikationsbereit sein sollte, bekommt er sein »to do«-Kommando von Neuem, ein freundliches »Bei Fuß«. Toll, wenn er dann wieder bei uns ist! Dann darf er nach ein paar guten Schritten auch belohnt werden. Aber Achtung, dass man hier keine Verhaltenskette in Gang setzt: Der Hund ist unkonzentriert und macht nicht so recht mit, wird kurz korrigiert und bekommt sofort was Gutes – viel schneller und besser vielleicht aus Ansicht des Hundes, als wenn er durchgängig brav gewesen wäre. Lässt er sich aber nicht mehr so recht zur Mitarbeit bewegen, ist es meiner Erfahrung nach am effektivsten, die Lektion emotionslos abzubrechen. ABER und das ist jetzt wichtig, der Hund darf nicht die Gelegenheit bekommen, sich anderweitig zu amüsieren. Wenn er schon nicht mitarbeiten möchte, dann gibt es auch keine anderweitigen Vergnügungen. Also wird der Hund angeleint und darf auch nicht einmal in Blickrichtung der Krähe verharren. Keine Vorwürfe, keine Strafe, nur einfaches Nichtstun: kein Schnüffeln, kein Buddeln, kein Wälzen – NICHTS! Erst dann bieten wir ihm eine neue Chance auf eine tolle Beschäftigung mit uns an. Wenn er dann wieder konzentriert bei der Sache ist, überhäufen wir ihn mit schönen Dingen. Denn jetzt haben wir wieder die Möglichkeit, zur richtigen Zeit das richtige Verhalten zu bestärken.

Die Körpersprache, Gestik und Mimik sind ebenfalls Faktoren, die zwar in Punkto Motivation des Hundes nicht unbedingt kriegsentscheidend sind, aber doch einen solchen Anteil am Frohsinn des Hundes während des Trainings haben, dass es sich lohnt, näher darauf einzugehen.

Die Mimik

Wenn man so manchen Hundeplatz betritt, dann hat man so ein bisschen das Gefühl von ... na ja, von Strafe. Gar nicht mal, dass der arme Rex hier gepeinigt würde, nein, ich denke da eher an Herrchen (... und ja ihr Lieben, leider auch an Frauchen). Die Mundwinkel hängen wie bleibeschwert nach unten, die streng zusammengeknitterten Zornesfalten zwischen den Brauen schreien nach Entspannung, der Ton ist harsch, die Bewegungen zackig. Die üppige Ausstattung um des Hundeführers Körpermitte spricht aber eigentlich eine ganz andere Sprache, denn die zahlreichen Taschen der speziellen Hundetrainingsweste beulen sich von den vielen Spielzeugen und Futtertütchen. Und auch der Clicker kommt gerne mal zum Einsatz. Man sieht, dies ist kein Hundeplatz für Anhänger der »Früher-war-alles-besser-Fraktion«, für die Unterordnung noch immer das ist, was es mal war, Unterdrückung mittels Gewalt und Druck, wo Freude seitens

Die drei Bereiche im Hundetraining

des Hundes nicht gefragt war und die Belohnung eher das Ausbleiben von Strafe darstellte. Obwohl mit dem Hund also offensichtlich positiv über Futter und Spielzeug gearbeitet wird, marschiert man finsteren Blickes neben seinem Vierbeiner her, die Mimik bleibt unverändert während zwischendrin Futterbelohnungen gereicht werden, oft wird der Hund dabei gar nicht angesehen, sondern der Blick fixiert einen Punkt am Horizont und scheint die innere Konzentration auf die wohl noch bevorstehende Schlacht zu verraten. Erst wenn es dann Zeit für eine unterbrechende, größere Spielbelohnung ist, entknittert sich die verdrießliche Optik ein wenig, und mit viel gutem Willen könnte ein Außenstehender vermuten, dass es vielleicht ab und an doch so etwas wie Spaß macht, mit einem Hund zu arbeiten. Klar ist das mal wieder ein wenig überspitzt dargestellt, aber wenn auch hier und da mal ein Lächeln während des Trainings hervorblitzt, bleibt die Problematik doch bestehen. Man möchte einen hochmotivierten, freudig arbeitenden Hund, darüber besteht Einigkeit, aber man selbst erweckt den Eindruck, als wäre man zu der Aufgabe geprügelt worden. Und nicht nur das, als Beobachter könnte man den Eindruck gewinnen, man gebe sich alle Mühe, dies auch dem Hund zu vermitteln.

Hinzu kommt, dass gerade diejenigen Aufgaben, die Präzision und höchste Konzentration beim Hund erfordern, oft sehr triebarm sind, und ein wenig Motivationsunterstützung durch die persönliche Ausstrahlung des Hundeführers nicht schaden kann. Der aber verlässt sich ausschließlich auf »ausgelagerte« Triebmittel, und lässt seine Persönlichkeit eher »außen vor«, was allein schon ein wenig schade ist. Kontraproduktiv kann es aber dann werden, wenn er nicht nur neutral sondern deutlich verdrießlich daherkommt. Bei ohnehin triebstarken Sportarten wie Agility und Frisbee sind interessanterweise auch die Menschen fröhlicher und vermitteln viel öfter den Eindruck, mit ihren Hunden Spaß zu haben.

Warum machen wir nicht einfach zu allen anderen Motivationsmöglichkeiten ein freundliches Gesicht? Weil der Hund das sowieso nicht merkt? Das stimmt nicht: Es ist eine unumstrittene Tatsache, dass Hunde unsere Mimik lesen können. Weil es dem Hund egal ist? Man könnte jetzt all die Hunde anführen, die fantastisch arbeiten, während so ein Muffelgesicht nebenher läuft. Sie arbeiten trotzdem und sie haben gelernt, den bösen Blick einfach zu ignorieren. Aber ist das erstrebenswert? Warum dem Hund nicht einfach signalisieren, dass es uns Spaß macht, etwas mit ihm zu unternehmen, mit ihm gemeinsam knifflige Dinge zu meistern? Warum nicht zeigen, dass wir glücklich sind, ihn an unserer Seite zu haben, dass wir stolz sind, wenn er sich anstrengt und mit ihm um die Wette strahlen, wenn wir mit dem Tau spielen? Man vergibt sich nichts und gewinnt so viel. Probieren Sie es einmal aus!

Versuchen Sie mal, zu lächeln, wenn Ihr Hund gerade wunderbar neben ihnen arbeitet. Die meisten Hunde sind so konditioniert, dass sie ihrem Menschen ins Gesicht schauen, wenn sie »Bei Fuß« laufen. Wenn er dann eine fröhliche, ansprechende Mimik sieht, wird er das

 *Die drei Bereiche im Hundetraining*

Warum nicht auch während des Arbeitens ein wenig Freude verbreiten?

als zusätzliche Bestätigung betrachten. Hunde wollen ihren Menschen gefallen, warum also diesen Aspekt nicht ausnutzen?

Abgesehen davon, dass ein freundliches Gesicht auf den Hund motivierend und bestätigend wirkt, birgt eine »bewegliche« Mimik den Vorteil, dass sie Ihren Gesichtsausdruck auch tatsächlich der Situation anpassen können und so ihrem Hund direkt Informationen übermitteln. Der wird bald feststellen, dass es nun doch etwas zu lesen gibt in ihrem Gesicht. Schon eine gehobene Augenbraue kann durchaus Wirkung beim Hund erzielen, vorausgesetzt natürlich, der Hund hat nicht verlernt, in Ihrem Mienenspiel zu lesen.

Körpersprache, Gestik und Haltung

Die Körpersprache ist ebenfalls ein Aspekt, auf den man achten sollte. Es geht hier nicht um die B-Note, der Hundeplatz ist schließlich (zweifellos) kein Laufsteg. Aber Hunde sind nonverbale Kommunikatoren, das heißt, es ist viel natürlicher und naheliegender für sie, auf körpersprachliche Signale zu achten und einzugehen, als auf verbal gesprochene Kommandos zu reagieren. Auch wenn wir unseren Hunden natürlich beibringen, auf unsere Worte zu achten, bleiben da immer noch die Aussagen, die wir über unsere Körpersprache machen quasi als Untertitel für den Hund bestehen. Ob wir das nun merken oder nicht, der Hund registriert es und wird eher auf das reagieren, was für ihn offensichtlicher ist – die Körpersprache. Deswegen ist es ganz wichtig, dass wir uns dieses Aspekts zum einen bewusst sind und dass wir zum anderen kontrollieren, was wir nonverbal ausdrücken. Besonders schwierig wird es für den armen Hund, wenn er sich zwischen zwei gegensätzlichen Aussagen entscheiden muss. Das klassische Beispiel ist das gerufene (und erwünschte) »Komm«, mit dem körpersprachlichen Untertitel »hau ab«! Der Hund versteht (hoffentlich) sehr wohl, was das verbale Kommando ihm signalisiert. Wenn sich aber der Mensch, während er seinen Hund heranrufen möchte, nach vorne beugt, »sagt« er damit das Gegenteil. Am schwierigsten wird es für den Hund dann, wenn ihm versehentlich das erste oder zweite (oder fünfte) verbale Kommando entgangen sein sollte und sein Mensch ihm nun auch noch in zorniger Vorwärtsbewegung das »Komm« entgegenschleudert ... Dass er dann auf das verbale Kommando hört, wo er körpersprachlich so überdeutlich weggeschickt wird, ist für einen Hund eine kaum lösbare Aufgabe. Dies war ein drastisches Beispiel, um zu verdeutlichen, dass man durch falsche oder auch nur diffuse Körpersprache den Hund verwirrt.

Nicht alle körpersprachlichen Ungenauigkeiten stürzen den Hund in solche Nöte, aber wenn man beispielsweise seinen Hund beständig versucht, beim »Bei Fuß« etwas weiter vorne laufen zu lassen, ihn aber gleichzeitig stets mit der eigenen Schulter verbremst, ist das für ihn eher frustrierend als motivierend und nicht geeignet, ihn dazu zu veranlassen, uns aufmerksam zu lauschen, um jeden Wunsch so schnell wie möglich in die Tat umzusetzen. Man muss recht hart an sich arbeiten, um seinen Köper wirklich unter Kontrolle zu haben. Dem einen fällt es schwerer, dem anderen leichter und dann gibt es noch ein paar fast aussichtslose Fälle. Egal, zu welcher Gruppe man gehört, es hilft ungemein, das Training auf Video aufnehmen zu lassen und hinterher sehr kritisch mit sich ins Gericht zu gehen und genau zu schauen, welche Reaktionen man wodurch bei seinem Hund auslöst. Und wenn man festgestellt hat, dass die Haltungsnoten in der Kommunikation leider im unteren Bereich angesiedelt sind, hilft ein bisschen Training vor dem Spiegel – ohne den Hund – um selbst ein wenig mehr ins Gleichgewicht zu kommen.

Die drei Bereiche im Hundetraining

Ein körpersprachliches »Zurück« ist für den Hund viel verständlicher, als die reine verbale Anweisung.

Dasselbe gilt auch für ein einladendes »Komm«.

Die drei Bereiche im Hundetraining

Hier reagiert Asim brav auf mein verbales »Komm«, obwohl ich ihm körpersprachlich »Geh weg« signalisiere.

Asim weicht aus, obwohl ich körpersprachlich signalisiere, dass er kommen kann. Er tut das, weil er gezielt darauf trainiert wurde, im Zweifel auf das verbale Kommando zu hören, denn Asim muss eigenständig seine Elemente abrufen, egal ob ich während des Tanzens eine für ihn völlig wirre Körpersprache spreche oder während des Reitens mit dem Pferd kommuniziere.

Die drei Bereiche im Hundetraining

Das präzise Kommando

Die verbalen Kommandos sollten so präzise und verständlich wie möglich sein, wenn man erwartet, dass der Hund freudig und schnell darauf reagiert. Für ihn ist ein schwammiges Kommando à la »Ach, huch, nein, du solltest doch Sitz machen und nicht Platz, also wirklich!« einfach nicht verständlich. Mein Lieblingsbeispiel ist folgendes: Der Hund sollte rückwärts gehen und bekam dafür das Kommando »Go Back«. Ihm war aber gerade entfallen, was da nun eigentlich zu tun war, weil er stark damit beschäftigt war, zu hoffen, dass der Ball nun fliegen würde. Er begann also damit ein paar zusammengewurschtelte Elemente anzubieten, als Frauchen ihn freundlich mit dem Signalwort »Schade« stoppte. Der brave Kerl hätte nun ein erneutes ganz klares »Go Back« gebraucht, vielleicht auch mit mehr körpersprachlicher Unterstützung, damit er einen Erfolg erzielt, stattdessen bekam er das »Kommandos«: »Jez hörma zu und go ma richtig back, Mensch!« Es wundert wohl kaum, dass er nun ein wenig frustriert wirkte. Er bekam einen Befehl, den er gar nicht verstehen konnte, dabei wollte er doch so gerne alles richtig machen, um seinen Ball zu bekommen. So etwas ist ganz und gar nicht motivierend!

Das freundliche Kommando

Wir bleiben noch einmal bei den Kommandos. Haben Sie schon mal darauf geachtet, **wie** die Befehle normalerweise gegeben werden? Ganz unabhängig von Gestik und Mimik? Eigentlich impliziert es schon das Wort, im »Befehlston« nämlich. Und erstaunlicherweise ist das auch bei weiten Teilen derjenigen Hundebesitzer so, die schon allein bei dem Wort »Befehl« zusammenzucken, weil ihnen das zu sehr nach Drill und dem schon angesprochenen »Kadavergehorsam« riecht. Auch bei Fun-Sportarten wie Dogdance, wo sich ja nicht gerade die Hardliner der Hundeführer die Klinke in die Hand geben, ist oft zu beobachten, dass der Hund zwar im Baggy logiert, in rosa Glitzer gewandet ist und im normalen Umgang freundlichst besäuselt wird, soll es aber mit dem Training losgehen, kommt das Kommando überraschend harsch. Besonders gut zu beobachten ist das immer nach einer Situation, in der mit Futter oder auch mit Spielzeug belohnt wurde. War nämlich währenddessen die Stimme noch in jubelnden Höhen unterwegs, wird nun resolut runtergefahren und das Kommando regelrecht gebrüllt. Warum? Ist diese Beobachtung bei Dogdancern & Co schon recht häufig zu beobachten, gehört eine

Auch beim Agility ist klare Körpersprache gefragt.

Die drei Bereiche im Hundetraining

gegrölte Kommandogebung auf traditionellen Hundeplätzen scheinbar zum guten Ton. Nun passt es natürlich zur oben erwähnten Mimik, den Hund grob anzuschreien, das »FUßßß!!!« in einer Intonation, die keinen Zweifel daran lässt, dass man eigentlich zum Ausdruck bringen will: »Verdammt Freundchen, wir sind nicht zum Spaß hier, also streng dich gefälligst an, sonst gibt es Ärger!« Warum immer diese »Schluss mit lustig«-Suggestion? Um auch sicherzugehen, dass der Hund nun den Ernst der Situation begreift und auf jeden Fall mitmacht? Es wäre doch wesentlich sinnvoller und eben motivierender für den Hund, ihm durch ein freudig gegebenes Kommando zu suggerieren, dass er und sein Mensch jetzt was Tolles zusammen machen, wir möchten doch, dass er Freude beim langweiligen »Bei Fuß« hat und nicht schon den Spaß herausnehmen, bevor man mit der Lektion beginnt. Falls es so sein sollte, dass der Hund tatsächlich nur »funktioniert«, wenn das Kommando mit Nachdruck gegeben wird, wäre es angemessener, daran zu arbeiten, den Hund auf feine und freundliche Kommandos umzustellen, als den Druck in der Kommandogebung zu erhöhen.

Besonders gängig und zwar nicht nur bei eher traditionell ausgerichteten Hundeführern ist die harsche Kommandogebung dann, wenn es sich bereits um den zweiten oder dritten Anlauf handelt, den Hund zu einem bestimmten Handeln zu veranlassen. Da ist es verständlich aber trotzdem letztendlich nicht zielführend, wenn man seinen Ärger über die Kommandoresistenz von Max in das auszuführende Kommando packt. Wir hatten das Thema schon beim Grundgehorsam behandelt, und da gehört es auch hin – nicht in den Arbeitsbereich, wo wir ja versuchen, solche Situationen, in denen der Hund uns ärgert, gar nicht erst aufkommen zu lassen. Aber der Vollständigkeit halber sei noch einmal erwähnt, dass es in dem Fall, da sich der Vierbeiner in der Freifolge eigentlich aus dem »Bei-Fuß-Laufen« ins »Platz« fallen lassen soll, dies aber beharrlich ignoriert, nicht sinnvoll ist, ihn beim dritten Versuch ungeduldig mit dem Wort »Platz« anzuschreien, um sicher zu gehen, dass er es diesmal auch tut. Um die eigentliche Arbeit, das Befolgen der Kommandos während des Trainings, im positiven Bereich zu belassen, wäre es angebracht, zunächst ein paar Schritte zurückzugehen und zu überprüfen, wo und warum es bei diesem Kommando hakt, wieder kleine Teilschritte auf dem Weg zum Ganzen zu belohnen und dann alles zusammenzufügen – wahrscheinlich mit Erfolg. Liegt es aber daran, dass der Hund mit voller Berechnung grad mal anderes zu tun hat und wenig an unseren Arbeitsofferten, auch wenn es nur die kleinen Teilschritte sind, interessiert ist, dann wird es Zeit, ihm zu erklären, dass Diskussionsbedarf besteht und dass Kommandos befolgt werden **müssen**. Da ist also ein kurzer Ausflug in den »Alltagsbereich« vonnöten. Aber auch hier ist immer zu bedenken, dass wir dem Hund zwar schon mal unsere Meinung sagen dürfen, aber dass das Kommando selbst immer freundlich sein sollte!

Die drei Bereiche im Hundetraining

Wichtig!

→ Es gibt keine allgemeingültige Methode, Hunde zu motivieren. Die verschiedenen Motivationsquellen gehen fließend ineinander über und der Hundeführer muss ständig neu bewerten, welche Art von Training die geeignetste ist. Hochtriebig veranlagte Sporthunde arbeiten für die »Beute«. Auf Beute- und Spieltrieb selektiert wird von klein auf darauf hingearbeitet, dass der Hund diese Beute mehr als alles andere begehrt. Die Begehrlichkeit des Hundes wird über entsprechende Spiele mit den Triebmitteln Ball, Tau etc. aufgebaut. In Erwartung der Beute und dem damit verbundenen Spiel arbeiten viele Hunde über eine sehr lange Zeit hochmotiviert.

Die drei Bereiche im Hundetraining

Ein durchdachter und abwechslungsreicher Trainingsaufbau

Immer wieder die gleichen Elemente in immer wieder der gleichen Reihenfolge in immer der gleichen Länge absolvieren zu müssen, ist langweilig. Es gibt hochtriebige Hunde, die auch den stupidesten Trainingsaufbau kompensieren, weil sie wissen, dass ihr Ball oder das Tau sich in der Tasche von Herrchens Weste befindet und dass das Objekt der Begierde auch irgendwann fliegen wird. Für Hunde, die etwas weniger auf ihre Triebmittel fixiert sind, ist es motivationsfördernd, immer mal wieder Überraschungsmomente in das Training einzubauen: überraschende neue Bewegungsmuster, überraschende Belohnungen, ein überraschend kurzes Training u.v.m. Motivierend wirkt es auch, zwischendrin Elemente einzubauen, die die Hunde gerne machen – vielleicht Sprünge, Longiertraining oder einfach nur so um ein paar Pylonen zu laufen, der Phantasie sollten da keine Grenzen gesetzt sein.

Nicht nur Hunde lieben die Abwechslung im Training.

Die drei Bereiche im Hundetraining

Der Motivationsbereich

Hier möchte ich Ihnen von Mirabelle berichten. Mirabelle ist recht gut erzogen, und nachdem sie
a) die Kommandos kennengelernt und verstanden hatte, dass sie mit eben jenen tatsächlich auch gemeint war, und dass ich sie
b) auch dann durchsetzen würde, wenn Mirabelle es für wichtiger hält, sich in Entenschiete zu wälzen, ging das auch recht flott.

Als sie im Bereich des Grundgehorsams schon mal recht befriedigend »funktionierte«, trainierte ich sie im Arbeitsbereich und nachdem sie den wunderbaren Zusammenhang zwischen Tricks & Co und den Leckerchen verstanden hatte, lauerte sie schon schwanzwedelnd vor der Tür, wenn ich nur vage die Richtung zum Trainingsraum einschlug. Ich präsentierte ihr ein gut durchdachtes Training, verschaffte

Die drei Bereiche im Hundetraining

Mirabelle ist in fremder Umgebung manchmal schüchtern.

ihr (und mir) viele Erfolge, passte auf, um mögliche Fehler oder Abschweifungen gar nicht geschehen zu lassen. Ich achtete auf meine Körpersprache, lächelte meinen kleinen Hund an (und das von innen heraus, denn wir hatten einfach immer Freude), gab freundliche Kommandos und so weiter. Ich tat alles, um ihr das Training so schön wie möglich zu gestalten. Mit Erfolg. Sie lernte schnell, sie war begierig auf die nächste Aufgabe, sie war flott und lustig, kurz: sie war so wie ich mir das wünschte – hochmotiviert.

Und nun kommt das »**aber**«: Und dieses »**aber**« kam immer dann zum Tragen, wenn ich sie in einer Umgebung zum Trainieren aufforderte, die ihr nicht ganz geheuer war. Nehme ich beispielsweise meine beiden Hunde zu einem Seminar mit, könnte der Unterschied gar nicht größer sein. Asim liebt Seminare regelrecht, für ihn ist das eine Gelegenheit, von morgens bis abends anzugeben. Er badet in der Bewunderung und läuft zu Höchstleistungen auf, er lässt mich keine Sekunde aus den Augen und wird nie müde, darauf zu warten, wieder ein Element (und sich) präsentieren zu dürfen. Ob nebenan eine Rakete gezündet wird, interessiert ihn nicht. Mirabelle hingegen kommt zwar gerne mit, aber am liebsten wäre sie erst einmal unsichtbar. Andere, vor allem größere Hunde, verunsichern sie. Sie bewegt sich angeekelt, wenn das Gras nass ist und wenn dann auch noch fremde Hunde dort hinein gepullert haben, bewegt sie sich wie ein Storch (auf Stummelbeinen). Sie mag keine fremden Menschen, sie attackiert sie nicht mehr, was toll ist, aber sie hält sich ungern in deren Nähe auf … und und und. Alles verständlich und wir arbeiten daran, aber wenn sie sich richtig unbehaglich fühlt, ist sie nicht in der Lage, zu

Die drei Bereiche im Hundetraining

Wenn die Hunde die Arbeit als Spiel empfinden, freuen sie sich bei jedem Spaziergang über eine kleine Spieleinlage.

Die drei Bereiche im Hundetraining

trainieren – auch nicht für Leckerchen, nicht einmal für die leckersten Leckerchen. Sie zeigt winzige Ansätze, die aber meist damit enden, dass sie sich zwischen meine Füße quetscht und misstrauisch die Umgebung beäugt. Hier endet die Sache mit dem Tauschgeschäft, ich habe kein Ass in der Hinterhand, das sie veranlassen würde, fröhlich zu arbeiten. Hier endet aber auch die Sache mit dem Grundgehorsam. Mirabelle ist nicht ungehorsam, sie ist überfordert. Wobei das Kommando-Grundgerippe »Komm« und so weiter zwar schon klappt, nur eben nicht das freudige Arbeiten.

Die Umstände, die uns die Grenzen der extrinsischen Motivationsquellen aufzeigen, müssen auch gar nicht so problematische Hintergründe haben wie bei Mirabelle. Es reicht ja eigentlich schon, dass der Hund satt ist. Und das geht bei einem kleinen Hund ziemlich schnell. Oder, dass er sowieso ein mäkeliger Esser ist und auch durch einen fliegenden Ball nicht aus der Reserve zu locken ist.

Was also tun? Erinnern wir uns an die **intrinsische** Motivation. Das Handeln um des Handelns willen. Der Hund befindet sich in einer sehr stabilen Motivationslage, weil er etwas tut, auf das er so versessen ist, dass er Störungen, die ihn im Bereich der extrinsischen Motivation außer Gefecht setzen würden, gar nicht wahrnimmt. Würde Mirabelle ein Eichhörnchen über den Platz verfolgen, scherte sie sich wohl kaum darum, wie viele große Hunde da herumstehen würden, geschweige denn, dass der Rasen nass ist.

Hier gibt es keine Motivationsprobleme.

Einen besonders eindrucksvollen Einblick in die Grenzen extrinsischer und die Möglichkeiten intrinsischer Motivation lieferte auch vor ein paar Jahren meine Australian Shepherd Hündin Seanah. Eigentlich ein rundum toller Hund, aber mit extremer Angst vor Knallgeräuschen. Ich hatte bereits alle gängigen Desensibilisierungsmethoden erfolglos ausprobiert. Sobald der Weihnachtsbaum stand, ging sie nur noch widerwillig und mit besorgtem Blick gen Himmel nach draußen, denn sie wusste ja, dass nun Silvester nicht mehr fern sein würde. Fand auf dem Sportplatz ein Leichtathletik Wettkampf mit Startschüssen statt, hat sie verzweifelt versucht, sich im Asphalt einzugraben. Da kam ich auch mit Leckerchen nicht weiter. In Seanahs Leben gab es aber etwas, dass sie mehr als alles andere liebte, nämlich mein Pferd und mich bei Ausritten zu begleiten. Hierbei war sie eindeutig intrinsisch motiviert. Und das führte dazu, dass ich mit ihr direkt neben einer militärischen Schießanlage vorbeireiten konnte, während ein paar Meter von uns Maschinengewährsalven in einer Lautstärke abgegeben wurden, die mich bald vom Pferd rissen. Sie werden es mir vielleicht nicht glauben, aber

Die drei Bereiche im Hundetraining

derselbe Hund, der in Ohnmacht fiel, wenn in einem Kilometer Entfernung ein Startschuss fiel, lief – nicht völlig unbeeindruckt – aber absolut klar und ansprechbar neben mir her, kein Zittern, kein Hecheln, den wachsamen Blick auf das (schussfeste) Pferd gerichtet.

Was aber folgt nun aus dieser Erkenntnis? Das Pferd unter den Arm klemmen, um mit Seanah in jeder Situation arbeiten zu können? Für den Border ein paar Schafe ständig im Rucksack haben und dem Foxterrier einen Fuchs statt des Leckerlibeutels präsentieren? Das ist natürlich praktisch überhaupt nicht umsetzbar. Was wir also brauchen, ist eine Tätigkeit, die es in Punkto Beliebtheit bei den Hunden mit Hetzen, Beißen, Rennen, Hüten und so weiter aufnehmen kann – an die sie **durch uns** herankommen, die sie **mit uns** gemeinsam ausüben, die sie **an uns** »fesselt« und in die wir uns einbringen können. Eine gemeinsame intrinsisch motivierte Interaktion, die die Hunde lieben und die wir für unsere Trainingsziele nutzen können. Was sich nun zunächst mal wenig spektakulär anhört, bietet wunderbare Möglichkeiten ...

Arbeit oder Spiel?

5
Das Spielen

Das Spielen

Wenn man sich überlegt, welch ein Motivationsniveau erreicht werden kann, wenn wir es schaffen, dass unsere Hunde Spielen und Arbeiten nahezu gleichsetzen, wenn sie zwischen diesen beiden Dingen eigentlich gar nicht mehr trennen können und jedes Angebot zum Arbeiten für sie wie ein Angebot zum Spielen ist, ist das doch schon eine verlockende Aussicht, oder? Hunde, die voller Begeisterung auf unser Angebot, arbeiten zu dürfen, eingehen, die Arbeit somit als Privileg empfinden und enttäuscht sind, wenn wir die Einheit beenden, sind ein schönes Ziel.

Die gute Nachricht ist: Dieses Ziel ist durchaus erreichbar. Die schlechte Nachricht ist: Richtiges, oder in Bezug auf das Motivationstraining besser gesagt zielgerichtetes, Spielen ist gar nicht so einfach und erfordert ein paar Voraussetzungen und eine Menge Engagement seitens des Menschen.

Grundsätzlich brauchen wir einen Hund, der gerne spielt, nicht nur gerne, sondern möglichst enthusiastisch – so intrinsisch motiviert wie möglich eben. Und ebenso grundlegend ist, dass der Hund das Spielen mit UNS so sehr liebt. Mit dem Nachbarshund liebend gerne über die Felder zu toben oder mit wachsender Begeisterung Klorollen zu zerfetzen nützt uns nämlich in diesem Zusammenhang nicht so viel.

Uns interessieren im Wesentlichen drei verschiedene Spielarten:

- Das Spielen mit Spielzeug (und uns).

- Das Spielen mit Futter (und uns).

- Das Spielen mit uns (ohne alles).

Zu Beginn muss man erst einmal herausfinden, was für ein Spieltyp der eigene Hund ist. Asim mag zum Beispiel gerne raue, körperbetonte Spiele, er findet es toll zu raufen, zu rempeln und gerempelt zu werden und auch seine Spiele mit Futter oder Spielzeug sind recht grob. Maeve, der Border Collie, ist ein Mädchen, sie trägt rosafarbene Halsbänder und würde das Spielen sofort einstellen, wenn man versuchte, sie mit einem vergleichbaren Körpereinsatz während des Spielens zu erfreuen. Der Begriff »Spielen« ist weit zu fassen.

Hat man herausgefunden, welche Vorlieben der Hund beim Spielen hat, muss eine Spielkultur entwickelt werden. Und zwar zum einen beim Menschen und zum anderen beim Hund. Aber bevor wir uns genauer mit der ersten Spielart, dem Spielen mit Spielzeug, beschäftigen, möchte ich gerne auf die »Mein-Hund-spielt-sowieso-nicht«-Problematik eingehen.

Das Spielen

Manche Hunde bevorzugen Laufspiele, ...

... andere Hunde lieben das Beißen.

Mirabelle gehört zu den Hunden, die das Beißen und kräftige Zerren an der Beute beim Spielen mögen.

Voller Freude jagt Asim sein Spielzeug. Obwohl es sich immer in seiner Reichweite befindet, versucht er gar nicht, hineinzubeißen oder es mir wegzunehmen. Er genießt die gemeinsame Interaktion sogar, wenn er die Beute bereits bekommen hat.

 *Das Spielen*

Konzentriertes Arbeiten wird aufgelockert durch Sprünge und wilde Laufspiele.

Das Spielen

Mein Hund spielt nicht!

Diesen Einwand hört man öfter. Es gibt tatsächlich Hunde, die nicht spielen wollen. Die meisten davon haben es im Laufe der Zeit ganz einfach verlernt, weil sie es nie praktiziert haben. Ich kenne keinen einzigen Hund, der als Welpe nicht gerne gespielt hätte. Und ich kenne keinen einzigen verspielten Besitzer, der nicht gerne einen Hund hätte, der fröhlich mitzieht. Achten Sie mal darauf: ballverliebte Herrchen haben eigentlich auch immer ballversessene Hunde. Die meisten Menschen, die behaupten, ihr Hund habe überhaupt kein Interesse am Spielen, haben nämlich auch selbst keine Lust dazu. Ein Leckerchen zu reichen ist eine Sache, sich selbst in einem Spiel zu engagieren aber eine ganz andere. Klar gibt es Hunde, die es auch spielwilligen Menschen sehr schwer machen. Das sind zum einen Hunde, die einer Rasse angehören, in deren »Bauplan« ein Spieltrieb so gut wie gar nicht vorgesehen ist. Herdenschutzhunde zum Beispiel sind häufig zu ernsthaft oder auch Chow Chows ist die ganze Sache meist viel zu albern. Hunde, die für die Zusammenarbeit mit dem Menschen gezüchtet wurden, haben ausdrücklich erwünscht einen ausgeprägten Spieltrieb, da man ihn wunderbar für die Ausbildung des Hundes nutzen kann. Hunde aus dem Tierschutz, die vielleicht auch schon ein wenig älter sind, sind zwar ein ganz besonderes Geschenk, aber oft sehr schwer zum Spielen zu bewegen. Meine Mirabelle, die ja aus einer ungarischen Tötungsstation kommt, spielte jedenfalls erst einmal gar nicht mit mir, was absolut verständlich war, denn sie war in der Vergangenheit damit beschäftigt gewesen zu überleben und sich vor Menschen in Sicherheit zu bringen. Spielen stand nicht auf ihrem Tagesplan. Da ich aber das Spielen unbedingt als Grundlage für die motivierte Zusammenarbeit herauskitzeln wollte, blieb ich absolut hartnäckig und als ich entdeckte, dass sie eine ganz besondere Vorliebe dafür hatte, tieffliegende Krähen zu verfolgen, (was ich unterband) machte mich das recht zuversichtlich. Ich nutze ihre Freude, hinter etwas herzulaufen und bot ihr das immer wieder als Spiel an. Aber – und das ist sehr wichtig – als Spiel MIT mir! Sie hätte es am Anfang mit Sicherheit vorgezogen, ganz alleine hinter der Krähe herzusausen und fand meine stoischen Bemühungen auch eher lästig. Aber sie stellte auch recht bald fest, dass die lustig wegfliegenden Gegenstände (zwar keine Krähen, aber immerhin ein Krähenersatz) an der Angel ihr doch ziemlich viel Freude bereiteten und dass ich nun mal an dieser Angel auch mit dran hing und sich das Ding ohne mich nicht bewegte. Sie ließ sich schließlich von meiner Begeisterung am gemeinsamen Spiel anstecken.

Hier ist es dann ab und an mal angebracht, sich ein bisschen zum Affen zu machen. Es muss ja niemand zugucken, allerdings sollte die Begeisterung schon einigermaßen echt sein. Nur in höheren Oktaven zu quieken aber eigentlich die Augen zu verdrehen, funktioniert nicht. Hunde durchschauen das. Einen Hund, der ohnehin gerne spielt, wird man dadurch zwar nicht unbedingt von sich begeistern, aber auch nicht groß stören, aber einen spielunwilligen Hund bekommt man nur mit echter Freude

Das Spielen

zum Spielen. Die Spielregeln, die es hier auch geben muss, bleiben erst einmal ein bisschen im Hintergrund, wichtig ist nur, dass wir Aufmerksamkeit und Freude gewinnen können.

Und heute ist es so, dass Mirabelle tatsächlich die Welt um sich herum vergessen kann und von allem was sie sonst noch zu tun hat ablässt, wenn sie mit mir spielen kann. Also, geben Sie bloß nicht zu früh auf! Ich habe fast ein Jahr gebraucht, um bei Mirabelle ein brauchbares Spiel zu entwickeln! Ein gutes Indiz dafür, ob Sie tatsächlich einen Hund erwischt haben, bei dem spieltechnisch wirklich Hopfen und Malz verloren ist, ist seine Reaktion beim Zusammenkommen mit anderen Hunden: Spielt er dann? Tut er das nämlich liebend gern, dann haben der Zweibeiner und sein Spiel ein Attraktivitätsproblem, denn offensichtlich ist es ja nicht so, dass der Hund nicht gerne spielen würde. Machen Sie also ein freundliches Gesicht, gehen Sie in eine lockere Spielhaltung und schauen Sie, ob Sie Ihren Hund nicht doch begeistern können. Übrigens hilft es auch hier, zunächst andere Beschäftigungsmöglichkeiten auszuschließen. Das heißt, entweder gibt es ein tolles, lustiges Spiel mit einem glänzend gelaunten Menschen oder es gibt gar nichts. Unterbinden Sie kommentarlos alles Schnüffeln, Buddeln usw. Entweder Spiel oder Langeweile. Nach und nach wird er es schon lieben lernen! Geduld und Hartnäckigkeit zahlen sich hier aus. Hunde, die ungern spielen, kann man aber auch mit Futterspielen gewinnen, dazu kommen wir noch.

Ignoriert ein Hund das Spielangebot seines Menschen, tollt aber gerne mit Artgenossen umher, ist das eigentlich ein gutes Zeichen. Grundsätzlich möchte der Hund spielen, da muss dann nur der Mensch an der Attraktivität seines Spiels arbeiten.

Das Spielen

Wenn Ihr Hund gerne mit anderen Hunden spielt, aber nicht mit Ihnen, müssen Sie Ihr Spiel attraktiver gestalten.

Bevor es darum gehen wird, wie denn nun das Spielen als intrinsische Motivationsquelle für unsere Trainingselemente genutzt werden kann, müssen wir noch ein wenig bei den Voraussetzungen für das geeignete Spielen verweilen. Um es gleich vorweg zu sagen, das Thema »richtiges Spielen« ist ein sehr weites Feld, das hier keineswegs umfassend behandelt werden kann. In diesem Buch geht es vor allem darum, wie man das Spielen als Motivationsgrundlage nutzen kann und ich gehe dabei einfach mal von einem hinreichend erzogenen »Normal-Hund« aus. Eine triebgesteuerte, blitzschnelle Rakete mit Beißhemmung oder ein hypernervöser Beutegreifer, der sich emotional nicht im Griff hat, sollte **selbstverständlich** nicht über das Spielen in unkontrollierbare Bereiche hineingepusht werden. Wenn man sich also nicht sicher ist, ob man sich denn trauen kann, mit seinem Hund zu spielen, dann ist es wichtig, in jedem Fall erst einmal die Grundlagen zu bearbeiten, am besten unter Zuhilfenahme eines erfahrenen Trainers.

Das Spielen

Das Spielen mit Spielzeug

Die meisten Hunde haben ein Lieblingsspielzeug.

Womit gespielt wird, ist egal, solange es vielfältig bleibt. Es sollte daher vermieden werden, dass der Hund sich auf ein bestimmtes Spielzeug fixiert, deswegen wechseln Sie es einfach immer mal ab. Asim hat zum Beispiel eine deutliche Vorliebe für Bälle. Wenn er aber keine Auswahl hat, nimmt er absolut alles, alte Deckel, Plastikflaschen, Taschentuchpakete und wenn man ihn damit beobachtet, würde man denken, es handele sich um sein allerliebstes Lieblingsspielzeug. Besteht für ihn allerdings die Chance, an einen Ball zu kommen, schaut er die anderen Utensilien nicht mehr an. So gilt es also, zum einen darauf zu achten, dass die Bandbreite der möglichen Spielzeuge groß ist. Zum anderen ist es ganz wichtig, dass das Spiel selbst im Vordergrund steht und nicht die Beute, also das Spielzeug. Wenn Ihr Hund nach dem Ergattern des Spielzeugs glücklich von dannen zieht, es sich unter dem nächsten Baum gemütlich macht und damit beginnt, das Spielzeug zu zerlegen, dann hat er deutlich wenig Interesse an dem Spiel selbst. Wünschenswert wäre aber, dass er, sobald Sie ihn mit dem Spielzeug sich selbst überlassen, es hoffnungsvoll hinter Ihnen herträgt, um Sie zum Weiterspielen zu animieren.

Das Spielen

Wie schon erwähnt, müssen Sie sich in das Spiel einbringen, der Hund soll die beglückende Aktion mit Ihnen verbinden. Ihr Spiel soll eine Interaktion zwischen Ihnen beiden sein. Also bitte nicht mit der linken Hand stereotyp einen Ball werfen, während man auf sein Handy starrt und mit der rechten Hand eine SMS schreibt. Apportierspiele sind schön, aber man sollte darauf achten, dass der Hund auch genügend um seinen Menschen herum spielt und das Spiel nicht nur daraus besteht, sich weit von dem Menschen zu entfernen. Ein besonderes Augenmerk sollten Sie dann auf Ihren Vierbeiner haben, wenn er sich zwar ganz gut dazu animieren lässt, hinter dem Spielzeug her zu laufen, das Zurückkommen und das Abgeben der Beute aber deutlich schleppender abläuft. In diesem Fall befestigen Sie eine Leine am Geschirr (wegen der Verletzungsgefahr nicht am Halsband), und lassen es gut gelaunt gar nicht erst so weit kommen, dass der Hund Sie stehen lässt. Gespielt wird bei Ihnen und mit Ihnen! Machen Sie ein Spielgesicht, gehen Sie in Spielhaltung (also leicht in die Knie aber nicht bedrohlich nach vorne gebeugt), kontrollieren Sie Ihre Stimme. Was genau Sie da mit Ihrem Hund spielen, darf sich durchaus nach dessen Vorlieben richten, der eine Hund liebt es über alles das Objekt zu hetzen, der andere findet es toll in ein Tau zu beißen und daran zu zerren. Wichtig ist immer erst einmal, dass der Hund begeistert mitmacht. Die Bandbreite an möglichen Spielen kann man dann immer noch erweitern. Variieren können Sie z.B. auch die Anzahl der Spielzeuge, eines halten Sie sichtbar in der Hand, aber ein anderes, möglicherweise noch attraktiveres, zaubern Sie während des Spielens aus der Tasche. Sie können das Spielzeug für Ihren Hund sichtbar in der Hand haben, oder es in einer Tasche verstecken, Sie können es während des Spielens fallen lassen (Impulskontrolle) und später durch den Hund aufnehmen lassen oder aber es selbst wieder aufheben und weiterspielen. Überraschen Sie Ihren Hund, es wird ihm gefallen.

Mirabelle ist am Besitz des Spielzeugs mindestens ebenso interessiert wie an einem gemeinsamen Spiel. Da müssen wir noch ein bisschen dran arbeiten.

 Das Spielen

Hunde müssen lernen, ihre Impulse zu kontrollieren.

Das Spielen

Auch in dieser Situation muss sich Asim im Griff behalten. Er möchte unbedingt sein Spielzeug haben, muss aber mich anschauen!

Welche Gefahren birgt das Spielen mit Spielzeug und welche Regeln müssen beachtet werden?

Wenn es um Ballspiele und um Zerrspiele geht, kommen eigentlich immer die gleichen Einwände: Wecke und fördere ich nicht den Jagdtrieb meines Hundes, indem ich ihn hinter dem Ball hersausen lasse? Und natürlich findet auch jedes Mal der sogenannte Balljunkie eine stirngerunzelte Erwähnung. Was die Zerrspiele anbelangt, wurde vielen Hundebesitzern geraten, darauf verzichten, damit die Rangfolge nicht in Frage gestellt und ein Dominanzproblem gar nicht erst heraufbeschworen wird.

Zweifellos spricht der wegrollende Ball, das vorbeizischende Spielzeug an der Reizangel und auch die Frisbeescheibe den Jagdtrieb des Hundes verstärkt an. Aber es ist eine Illusion zu glauben, man müsse nur den Hund von Reizauslösern fernhalten und schon vergisst er, dass ein davon rennendes Kaninchen seinen Jagdtrieb auslöst und bleibt brav bei Mutti. Der Hetz- und Jagdtrieb ist da, ob der Ball in der Tasche bleibt oder nicht. Sicherlich ist es so, dass man die Hunde über »Balljagspiele« heiß darauf machen kann, hinter etwas herzurennen. Doch um diese Art von Spiel geht es mir hier gar nicht. Es geht um die Interaktion mit dem Menschen. Impulskontrolle ist gefragt. Der Hund muss sich beherrschen können, oder aber er muss es erst einmal lernen, bevor er »hochgefahren« wird. Denn bei aller Freude und Begeisterung muss der Kopf klar bleiben. Dies gilt nicht nur für freundliche Kommandos, die ihn beispielsweise während des Spiels in die Ruhe befördern, es geht auch darum, dass der Hund seinem Menschen mit einer gewissen Achtsamkeit begegnet. Natürlich kann es passieren, dass der Hund im Eifer des Gefechtes mal den Finger erwischt, aber es sollte ihn grundsätzlich schon interessieren, seinem Besitzer nicht weh zu tun. Das ist ein entscheidender Aspekt des Spielens: Der Hund setzt seine Kraft maßvoll ein und hat seine Impulse unter Kontrolle! Diese Impulskontrolle ist ein großes Thema in der Hundeerziehung.

Das Spielen

Mit Druck und Gewalt kann vielleicht der Besitzer so etwas wie Kontrolle über den Hund erreichen, aber auf diese Weise lernen die Hunde nicht, sich selbst zu beherrschen. Das geht nur über konsequentes, ruhiges Training und wenn man merkt, dass der Hund im roten Bereich ist und seine Selbstbeherrschung verliert, hilft es nur, ihn da wieder herauszuführen und ein paar Schritte zurückzugehen, um es dann in gemäßigter Gemütslage noch einmal zu probieren. Würde man mit Härte und Zwang arbeiten, verursachte man beim Hund eher einen Triebstau, der das Problem nur noch vergrößert.

Hat man schließlich einen Hund, der sich auch aus dem wildesten Spiel heraus beherrschen kann und auf Kommando ins »Platz« fällt, während sein Ball an ihm vorbeifliegt, so sind die Chancen groß, ihn auch bei Wildbegegnungen abrufen zu können. So wird das »Jagdproblem« sinnvoller gelöst, als den Hund unter eine Käseglocke zu verfrachten, wo er bloß keinen Reizen ausgesetzt ist.

Und da verabschieden wir uns dann auch vom Balljunkie. Denn auch der zeichnet sich dadurch aus, dass er sich eben nicht unter Kontrolle hat, dass er seinen Kopf ausgeschaltet hat und nur auf sofortige Bedürfnisbefriedigung versessen ist, ohne zu kooperieren, ohne auf seinen Menschen zu achten.

Was ist mit dem Dominanzproblem durch die Zerrspiele? Meiner Erfahrung nach ist das genau das gleiche Prinzip wie bei der Reizvermeidung durch das Ballspielverbot. Es gibt ganz sicher Konstellationen, die es sinnvoll machen, auf Zerrspiele (zumindest eine Weile) zu verzichten. Doch generell ist es so, dass wenn die Beziehung zwischen Hund und Mensch stimmt, ein Zerrspiel nicht plötzlich aus dem braven Ben einen herrschsüchtigen Hermann macht. Und dass man ein latentes Dominanzproblem dadurch aufhalten kann, dass man nun auf das Zerren am Tau verzichtet, kann man getrost vergessen. Hier muss man ran an den Speck (jenseits von Tau und Beißwurst), um noch einmal in Ruhe die Gesamtsituation zu reflektieren.

Lockere Spielhaltung und freundliche Mimik motivieren zum Spiel.

Asim wird spielerisch weggeschoben, ...

... zerrt wieder, ...

... ich lasse los, ...

... er läuft hinter mir her ...

... und hofft, dass ich mit ihm weiterspiele.

Immer steht dabei das gemeinsame Spiel im Vordergrund.

 Das Spielen

Zerrt ein Hund gerne an Gegenständen, gilt auch hier das Gleiche wie bei allen anderen Spielen. Er muss sich unter Kontrolle haben, er muss uns als **wesentlichen** Bestandteil des Spiels wahrnehmen. Er muss in der Lage sein, auf uns einzugehen und er muss auch nicht **immer** verlieren. Das ist ein oft gehörter Ratschlag, wieder in Verbindung mit dem »Dominanzgespenst«, dabei sind es so wenige Hunde, die tatsächlich die Weltherrschaft anstreben, die meisten sind einfach nur unerzogen, was auch nicht ihr Fehler ist! Wenn Sie es richtig angefangen haben, wird der Hund sowieso nicht erhobenen Schwanzes als Sieger vom Platz marschieren, wenn Sie ihm den Zerrgegenstand überlassen haben, sondern er wird mit dem Ding in der Schnauze hinter Ihnen herlaufen, es in Ihre Kniekehle drücken und hoffen, dass Sie wieder anfassen und das Spiel weiterspielen! Ein überlassenes Spielzeug ist also für ihn keine Veranlassung, triumphierend auf seinen schwachen Besitzer herabzusehen, sondern ein Grund, ihn freundlichst zu fragen, ob es vielleicht weiter gehen kann.

Vergessen Sie nicht, Pausen zu machen. Das ist wie bei kleinen Kindern, deren Spiel immer wilder wird. Die meisten Mütter müssen nicht darüber nachdenken, an welchem Punkt sie dazwischen gehen müssen, um allen Beteiligten eine Pause zu verordnen. Sie wissen, dass das Spiel gleich kippen wird, weil die lieben Kleinen dabei sind, ihre emotionale Kontrolle zu verlieren. Und genauso ist das mit unseren Hunden auch – nur dass wir Menschen hier scheinbar mehr Probleme haben, rechtzeitig Pausen einzulegen.

Pausen sind ganz wichtig, nicht nur für zukünftige Sportler.

Spielen mit Futter

Hunde, die dem Spielen mit Spielzeug wirklich so gar nichts abgewinnen können, lassen sich meist recht gerne zu einem Futterspiel animieren. Wir erinnern uns, wir suchen eine Möglichkeit, die Interaktion mit dem Menschen in den Vordergrund zu stellen, sie als ein erstrebenswertes Ziel für den Hund erscheinen zu lassen, um dann Spiel und Arbeit miteinander verweben zu können.

Die Futterbelohnungen laufen meist sehr unpersönlich ab. Das Futter wird heruntergereicht oder auch geworfen, aber für den Hund ist der Mensch, der ihm das Futter reicht, in dem Moment völlig austauschbar. Das ist an sich nicht schlimm und zum Teil auch gewollt, denn gerade im Clickertraining soll ja die Konzentration auf den gesetzten Marker (der ja auch bewusst unpersönlich und emotionslos gehalten wird) im Vordergrund stehen.

Soll man jetzt also aus jeder Keksvergabe ein Happening machen? Nein, damit würden wir zwar unseren Hund zumindest verblüffen, aber er würde uns wohl (kopfschüttelnd) ignorieren, seine Konzentration gälte dem Keks. Wohl aber könnte man damit anfangen, mit dem Futter in der Hand – also **bevor** es gegeben wird – Spielsequenzen einzubauen. Lassen Sie den Hund hinter der Futterhand ein wenig herjagen, bewegen Sie sich selbst vergnügt in Spielhaltung und suggerieren Sie dem Hund über Mimik, Gestik und Stimme, dass Sie beide gerade fürchterlich viel Spaß haben. Er bekommt das Futter dann auch, aber versuchen Sie vorher, den Schwerpunkt auf das Spielen zu legen. Wenn Sie ein wenig routinierter sind, muss das Futter auch nicht jedes Mal nach der Spielsequenz gegeben werden. Lassen Sie den Hund hüpfen und rennen und behalten sie den Keks ruhig. Arbeiten Sie darauf hin, dass er die Interaktion mit **Ihnen** schätzen lernt, nicht nur die Futterausgabe.

Die Futterbelohnung wird um eine Spieleinlage bereichert.

Das Spielen

Spielen ohne alles

Das Spielen ohne alles ist im Hinblick auf unser Motivationstraining zwar am erstrebenswertesten, aber auch am schwierigsten zu erreichen. Es gibt zum einen die Möglichkeit, mit Spielzeug oder Futter ins Spiel zu gehen und es auch einzusetzen, aber mehr und mehr die Betonung auf die reine Interaktion mit Ihnen zu legen und dann darüber hinaus Spielzeug oder Futter zwischendrin verschwinden lassen und unverdrossen weiterzuspielen, auch wenn ihr Hund Sie vielleicht zunächst ein wenig missbilligend ansieht.

Die andere Möglichkeit ist, gleich die Karten auf den Tisch zu legen und Ihrem Hund zu erklären, dass Sie heute total »blank« sind. Es gibt Hunde, bei denen diese Methode besser greift, und die recht schnell bereit sind, auch so mit Ihnen zu spielen. Andere Hunde reagieren schon mal mit fassungsloser Ungläubigkeit. Mein Asim zum Beispiel kann sich kaum beherrschen, immer wieder meine Taschen zu kontrollieren, und bietet mir dann auch schon mal einen Grashalm zum Spielen an, da ich ja offensichtlich so zerstreut war, sein Spielzeug zu vergessen. Er lässt sich eindeutig besser nach Methode 1 überrumpeln und reagiert freudig auf Lauf-, Hüpf- und Fangspiele, auf Rangeln und Schubsen und vergisst dann auch, wenn auch bislang nur kurz, sein Spielzeug.

Um Missverständnissen vorzubeugen: Es gibt kein »entweder ... oder«, alle Spielarten können und sollen miteinander kombiniert werden.

Hier ist der kleine Spielpartner wichtiger als das Spielzeug selbst.

6 Das Spiel als intrinsische Motivationsbasis für das Training

Das Spiel als intrinsische Motivationsbasis für das Training

Nun haben wir alle Voraussetzungen geschaffen. Unser Hund hat einen annehmbaren Grundgehorsam, im Arbeitsbereich lernt er fleißig seine Elemente und weil wir uns da geschickt anstellen, trainiert er gerne und konzentriert. Wir haben uns viel Mühe gegeben und eine tolle Spielkultur entwickelt. Der Hund liebt es mehr als alles andere, mit uns zu spielen. Und wir haben das erreicht, was wir wollten: er ist deutlich intrinsisch motiviert, wenn er mit uns spielt. Und um jetzt genau diese Motivationslage für das Training zu nutzen, bietet es sich an, folgendermaßen vorzugehen:

Wir befinden uns im Motivationsbereich. Das heißt, für den Hund ist alles positiv im Superlativ. Hier gibt es kein »Falsch«. Alles ist lustig, alles ist Spiel. Und dann beginnt man, Elemente aus dem Arbeitsbereich in den Motivationsbereich zu integrieren. Zunächst ganz vereinzelt immer mal ein Element. In der Praxis sieht das so aus: Spielen, spielen, spielen und dann ein Kommando, beispielsweise »Sitz«, das wird schnell aufgelöst und sofort wird weitergespielt. Überaus wichtig dabei ist, dass das Kommando nicht das Spiel unterbricht, sondern dass es ganz deutlich für den Hund zu einem Teil des Spiels wird. Ein ganz typischer Fehler ist, dass zwar während des Spielens eine tolle Spielhaltung eingenommen wird, ein nettes Gesicht und eine fröhliche Stimme davon zeugen, wie viel Spaß das alles macht, dass aber all diese Vorzeichen sofort ein Ende finden, wenn der Hund das Kommando befolgen soll. Man holt Luft, nimmt eine steife Haltung an, guckt wieder mit dem »Hundeplatzgesicht« herum und blafft dem gerade noch so schön und hochmotiviert spielendem Hund das Kommando entgegen. Für diesen ist sonnenklar: »Aha, das lustige Spielen, das uns beiden soviel Spaß macht, ist vorbei, jetzt fängt dieser Mist wieder an.«

Und genau das gilt es zu vermeiden! Das Spielen soll nicht als Belohnung für die Arbeit empfunden werden – dann wären wir wieder vermehrt im Bereich der extrinsischen Motivation. Stattdessen soll die Arbeit in das Spiel integriert werden, um die Elemente für den Hund so spaßig wie möglich zu machen.

Das Kommando muss freudig und spielerisch gegeben werden – in der entsprechenden Haltung, mit der entsprechenden Stimme und Mimik. Das »Sitz« muss ein (vom Hund geliebtes) Teil des Spiels werden.

Da die Hunde im Motivationsbereich sehr schnell und reaktiv sind, muss man unbedingt darauf achten, dass man zunächst nur solche Elemente in diesen Bereich hinein nimmt, die der Hund bereits völlig verinnerlicht hat. Denn man darf nicht vergessen, dass der Hund sich im Spielmodus befindet, er ist schnell und hochmotiviert und auch willig, aber nicht immer fähig. Er ist in dieser intrinsisch motivierten Gemütslage nicht in der Verfassung, sich auf komplizierte Dinge zu konzentrieren, oder gar neue Element zu lernen. Das soll er auch gar nicht, denn das gehört in den Arbeitsbereich. Hier kann ich den Erregungslevel so dosieren (z. B. weniger attraktive Kekse verwenden, damit der Hund ruhiger arbeitet), dass ich flexibel an die zu lernenden Aufgaben herangehen kann. Was ich im Motivationsbereich erreichen

Das Spiel als intrinsische Motivationsbasis für das Training

Das »Neben-dem-Pferd-Laufen« betrachtet Asim als ein großes Spiel.

möchte ist vielmehr, dass mein Hund dadurch, dass ich geschickt Arbeits-Elemente in das Spiel einbaue, eben diese Elemente für einen Teil des Spiels hält.

Damit erreicht man, dass die Hunde diese Elemente als so positiv abspeichern, dass sie sie auch dann zu einem großen Teil intrinsisch motiviert ausführen, wenn sie ihnen später im Arbeitsbereich begegnen. Wenn man es also beispielsweise schafft, den Slalom durch die Beine im Motivationsbereich als Teil eines tollen Spiels zu etablieren, wird der Hund ihn auch dann als spaßig empfinden und ihn entsprechend freudig ausführen, wenn er sich im Arbeitsbereich befindet und konzentriert

Das Spiel als intrinsische Motivationsbasis für das Training

trainiert oder wenn er eine kleine Vorführung zeigen soll. Und je mehr Trainingselemente für den Hund diese direkte Spiel-Spaß-Freude-Assoziation beinhalten, desto freudiger, schneller und eben motivierter wird er mitarbeiten. Und noch ein Vorteil liegt auf der Hand: Je stärker die innere Verbindung des auszuführenden Elements zum (intrinsisch motivierten) Spielen ist, desto sicherer und stabiler ist die Motivation.

Die Beschäftigung im Motivationsbereich bewirkt nicht nur, dass der Hund die Kommandos in einem ganz neuen Zusammenhang sieht, sondern auch, dass er die komplette Zusammenarbeit viel stärker als vorher zu schätzen beginnt. Die Interaktion mit dem Menschen wird so mehr und mehr zu einem hohen Gut für den Hund. Durch die starke Verwebung von Arbeit und Spiel eröffnen sich für den Hundeführer zudem ganz neue Möglichkeiten der Belohnung während des Trainings. Ein Hund, der im Motivationsbereich gelernt hat, dass sein Mensch und die Interaktion mit ihm die Quelle des Glücks ist, kann sich durch einen angedeuteten Laufschritt und ein Lächeln mehr begeistern und (kalorienfrei) über einen viel längeren Zeitraum motivieren lassen als durch einen stoischen Hundeführer mit prall gefüllter Leckerchen-Tasche.

Um Missverständnissen vorzubeugen: Der Motivationsbereich ist nur dazu da, den Elementen, die im Arbeitsbereich trainiert werden, einen neuen Anstrich zu verleihen. Auch die gesamte Zusammenarbeit mit dem Menschen ist als noch erstrebenswerter zu erachten, da der Hund mehr und mehr mit allen »Arbeiten« das »Spielen« assoziieren wird. Der Motivationsbereich kann und soll nicht den Arbeitsbereich ersetzten. Der Hund befindet sich während des Spielens in einem ganz hohen Motivationslevel, er reagiert sehr schnell, sehr freudig, aber er ist auch ungeduldig, schließlich möchte er spielen, nicht lange nachdenken, nicht ausprobieren, nicht nachbessern. Er ist zwar schon konzentriert, aber eben auf das Spielen, und diesbezüglich hat er dann auch einen Tunnelblick.

Die bereits erwähnten Spielregeln sollen natürlich eingehalten werden, der Hund muss sich schon im Griff haben, einen klaren Kopf bewahren und ansprechbar und kooperationsbereit sein, ansonsten muss man eben auch in diesem »Spielbereich« wieder ein paar Schritte zurückgehen. Allerdings sollte man nicht von ihm verlangen, Elemente zu zeigen – und das noch hochmotiviert im Spielmodus – die er noch gar nicht sicher beherrscht, für die er nachdenken und bei denen wohlmöglich auch noch nachgebessert werden muss. Das würde ihn aus dem Bereich der intrinsischen Motivation herausholen, und das wollen wir im Motivationsbereich nicht. Hier wird schlichtweg alles vermieden, was ihn demotivieren könnte. Wählen Sie deswegen zunächst ganz einfache Elemente aus, die Sie in den Motivationsbereich hineinholen. Sitzen die Elemente nicht, gehen Sie zurück in den Arbeitsbereich. Dort können Sie auch an der Präzision arbeiten. Aber im Motivationsbereich spielen Sie, da müssen Sie dann über Kleinigkeiten wie ein schiefes »Platz« oder ein ungenaues »Sitz« hinwegsehen. Hier geht es **nur** um das Spiel und die Freude des Hundes an Ihnen und der tollen Interaktion mit Ihnen.

Das Spiel als intrinsische Motivationsbasis für das Training

Auch Tricks kann der Hund als Teil eines tollen Spiels empfinden.

Nach und nach fügen Sie immer mehr Elemente dazu. Variieren Sie die Länge der Abschnitte, in denen gespielt wird, und die Häufigkeit der eingefügten Kommandos. Achten Sie aber immer darauf, dass der Spielcharakter nicht verloren geht. Und nur, weil der Hund irgendwann schon recht viele Elemente glücklich mit seinem Menschen zusammen im Spielmodus ausführt, heißt das nicht, dass er das auch immer tun sollte. Bauen Sie ruhig immer wieder Motivationstrainings-Einheiten ein, die nichts als albernes, lustiges Spielen sind – ganz ohne irgendwelche Elemente.

Beim Bewachen von Hühnern ist Mirabelle durchaus intrinsisch motiviert.

Die verschiedenen Bereiche vermischen sich, das ist klar, aber möglichst nur in eine Richtung. Der Arbeitsbereich darf gerne verspielter werden, aber der Motivationsbereich sollte die reine intrinsische Glückseligkeit bleiben. Das Spielparadies, aus dem man nicht vertrieben wird, bleibt immer der intrinsisch motivierte Spaßbereich in seiner Reinform, zu dem kann man immer wieder zurückkehren. Dessen positive Ausstrahlung wirkt in die anderen Trainingsbereiche hinein. Wenn Sie sich jetzt fragen, wie eine Trennung denn rein praktisch überhaupt gehen soll, kann ich nur sagen – es wird nicht wirklich funktionieren. Schon dadurch, dass man natürlich das Spielen mehr und mehr in das Training integriert und auch als Belohnungsform nutzt, verschwimmen die Grenzen. Und je mehr der Hund seine Arbeit wie ein Spiel empfindet, desto schwieriger wird die tatsächliche praktische Trennung. Entscheidend wichtig ist aber, dass der Mensch sich stets bewusst ist, was er tut, welches Ziel er gerade verfolgt und welche Art von Training in welchem Bereich er dazu benötigt ... und natürlich, dass er das reine Spielen als Selbstzweck, das keine Belohnung für irgendetwas darstellt ohne Anspruch auf Leistung, nicht vergisst.

Und dafür ist – wie immer – entscheidend, seinen Hund gut zu beobachten, sich in ihn hinein zu versetzen und sich immer wieder klar zu machen, wie sehr Sie ihn lieben und dass der Weg das Ziel sein sollte.

Genau wie die verschiedenen Bereiche, in denen man arbeitet, wechseln, wechseln auch die Motivationsquellen fließend. Nur weil der

Das Spiel als intrinsische Motivationsbasis für das Training

Hund das »Bei-Fuß-Gehen« nun mehr und mehr in den Spielbereich einordnet und entsprechend gerne und stabil ausführt, heißt das nicht, dass man jetzt für alle Zeit einen Hund hat, der um dieses Kommando bettelt und den man nie wieder dafür mit Futter belohnen muss. Es heißt nur, dass man auf dem Weg ist, das Training, die Interaktion selbst und die verlangten Elemente um eine Variante attraktiver zu machen, die den Hund dazu bringt, die verlangten Handlungen mehr und mehr um ihrer selbst willen auszuführen, nicht (nur), weil eine Belohnung wartet. Es heißt auch auf keinen Fall, dass Belohnungen dann überflüssig sind. Es gibt kein Patentrezept, womit der Hund wofür und wie oft belohnt werden sollte, oder auch nicht. Das ist von Hund zu Hund komplett unterschiedlich und variiert auch bei ein und demselben Hund von Trainingseinheit zu Trainingseinheit.

An dieser Stelle möchte ich wieder auf meine Mirabelle zurückkommen. Ein weggeworfener Ball als angebotene Belohnung oder Bestärkung reicht bei ihr nicht aus. Aber wenn ich anfange, wirklich mit ihr zu spielen, dann vergisst sie die Welt um sich herum. Ich brauche einen Moment, bis ich sie tatsächlich im Spielmodus habe, aber dann kümmern sie die anderen Hunde und Menschen nicht mehr, sie spielt hochmotiviert und die (bisher noch) wenigen Kommandos, die sie so sicher beherrscht, dass ich sie in den Motivationsbereich hineingenommen habe, befolgt sie fröhlich und wie aus der Pistole geschossen. Der Hund ist wie ausgewechselt. Ich gehe nicht zurück in den Arbeitsbereich, um zu schauen, ob sie vielleicht so locker geworden ist, dass sie auch hier

Mirabelle macht »Heeling« Spaß!

mitmacht. Damit warte ich noch ein bisschen. Ich belasse es vorerst dabei, dass sie glücklich mit mir spielt, und bin mir sicher, dass sie nach und nach lernen wird, dass die Interaktion mit mir überall Spaß macht.

Das Spiel als intrinsische Motivationsbasis für das Training

Die Geister, die ich rief

Auch riesige Begeisterung sollte immer kontrollierbar bleiben.

Was ist zu tun, wenn der Hund durch das Motivations-/Spieltraining nun auch im Arbeitsbereich damit beginnt, nicht nur motivierter, sondern auch ungeduldiger und unkonzentrierter zu arbeiten. Was tun, wenn er die Kommandos zwar freudig und schnell ausführt, aber vielleicht gleich mehrere auf einmal, weil es so viel Spaß macht? Nur nicht bestrafen! Wenn er Lösungen fröhlich anbietet, prima. In diesem Fall sollte man ruhig bleiben und exakt das belohnen, was man haben möchte, und nur das! Die Grundstimmung bleibt freundlich, aber ein lustiges Wischi-Waschi, so motiviert es auch sein mag, wird belohnungstechnisch ignoriert!

7 Jackpot & Co

Jackpot & Co

Der Jackpot – Wenn meine Hunde diese Box sehen, wissen sie, dass nach Beendigung der Arbeitseinheit eine ganz besondere Belohnung wartet.

Ausgehend davon, dass wir im Idealfall gerne erreichen möchten, dass der Hund enttäuscht ist, wenn das Training vorbei ist und hofft, dass wir vielleicht doch noch ein wenig weiter machen, nun ein paar Worte zum sogenannten Jackpot. Der Jackpot ist die Riesenbelohnung am Ende – am Ende einer besonderen Trainingseinheit, am Ende einer Vorführung, am Ende eines Durchgangs bei einem Turnier. Gerade wenn der Jackpot eingesetzt wird, der Hund also auch Bescheid weiß, was da zum Schluss Wunderbares auf ihn wartet, ist immer wieder zu beobachten, dass er, je weiter er zum Ende kommt, immer wuschiger wird und mit Augen und Konzentration mehr am Ausgang hängt, als an uns. Das ist der eine Nachteil. Worauf ich aber hauptsächlich hinaus möchte, ist die generelle Betonung des Endes. Während des Trainings wird auch gelobt und belohnt, aber richtig toll, richtig lustig und überschwänglich wird die Freude eigentlich erst immer, wenn es vorbei ist. Und das ist doch eigentlich nicht das richtige Signal ...

Ich benutze auch immer mal einen Jackpot, denn ich finde, je mehr Varianten man ins Belohnungssystem bringt, desto besser ist es. Aber ich bemühe mich auch ganz stark, die Zeit, die wir mit Training verbringen, für den Hund attraktiv und lustig zu gestalten. Ich möchte einfach keinen Hund, der auf das Ende hin fiebert, mich stehen lässt und im Jagdgalopp das Feld verlässt, um nun tollere Dinge zu tun. Toll soll es schon sein, dass wir trainieren. Zum Schluss, wenn die Trainings-Interaktion beendet ist, gibt es für meine Hunde eher eine Geste, die besagt »Tut mir leid, es hat riesig viel Spaß gemacht, aber jetzt müssen wir leider wieder aufhören.« Und es funktioniert! Auch dies ist kein Dogma, auch hier triumphiert die bunte Vielfalt und auch meine Hunde haben Trainingseinheiten, wo sie ganz am Ende gefeiert werden. Aber ich finde, es hat Vorteile, sich das durch den Kopf gehen zu lassen und vielleicht einmal auszuprobieren. Ich beziehe mich hier hauptsächlich auf den üblichen Futter-Jackpot. Einen »Hauptgewinn«, der aus Spielen – nicht Spielzeug – besteht, würde ich anders bewerten, da hier die gemeinsame Aktion betont wird.

8 Anhang

Anhang

Schlusswort

Nachdem wir nun am Ende dieses Buches angelangt sind, möchte ich Ihnen noch von einem Erlebnis in Asims und meinem Leben erzählen, bei dem seine Motivation zur Zusammenarbeit, seine unerschütterliche Freude daran, eine ganz entscheidende Rolle gespielt haben. So wurde ich, als Asim erst ein Jahr alt war, von dem Fernsehsender RTL gefragt, ob ich nicht Lust hätte, mit meinem Hund bei »Das Supertalent« mitzumachen. Abgesehen davon, dass ich mir (für mich) eine Teilnahme so gar nicht vorstellen konnte, war Asim viel zu jung. Er konnte noch nicht viel, noch entscheidender aber waren meine großen Bedenken, dass diese Umgebung mit doch extremen Außenreizen ihn viel zu stark beeindrucken würde, als dass er fröhlich und fleißig mitarbeiten könnte. Ich lehnte also ab, willigte aber ein, dass RTL im nächsten Jahr wieder anfragen würde.

Im Laufe dieses einen Jahres entwickelte sich Asim in eine wunderbare Richtung. Zum einen lernte er viele neue Elemente, zum anderen arbeitete er durch unser Motivations- und Spielprogramm auf einem so stabilen Motivationsniveau, dass er nun mit diesem wunderbaren »Anschaltknopf« ausgestattet war. Und war der erst einmal gedrückt, so ließ er sich durch nichts ablenken. Also sagte ich mit einem etwas mulmigen Gefühl zu, immer mit dem Gedanken, das Ganze sofort abzubrechen, wenn ich merke, dass Asim die Freude verliert und möglicherweise sogar Stressanzeichen zeigt. Stress hatte dann nur ich ...

Als während der Bühnenbegehung neben uns im Halbdunkel schwarze Gestalten mit Blinklichtern auf Stelzen probten und mir die Soundchecks durch Mark und Bein gingen, dachte ich an Flucht. Ich schlenkerte zaghaft mit Asims Spielzeug, seine Augen blitzen mich fröhlich an. Ich versuchte, ihn behutsam zu mäßigen, denn die Bühne war viel zu glatt zum Spielen. Offensichtlich gefiel es Asim. Nach unzähligen Interviews (»Kann er auch mal was zeigen?« – »Ja kann er«) und Stunden des Wartens vor dem Vorhang wünschte ich mir, jemand hätte dieses Motivationsprogramm mal mit mir gemacht. Es war furchtbar heiß, ich bin unglaublich nervös und obwohl ich mir alle Mühe gebe, bin ich mir sicher, dass ich Asim nicht täuschen kann. Aber er steht neben mir, ein Fels in der Brandung, ich sehe ihn an und habe das Gefühl er würde sagen: »Hey, was soll denn schiefgehen? Wir gehen da rein und spielen 'ne Runde!« Und das tat er dann auch, mit ganzem Herzen, so wie er es immer tut. Und ich hatte gedacht, ich wäre es, die **ihm** Sicherheit geben muss. Dieses Verhalten, dass er bei der Fernsehaufzeichnung gezeigt hat, ist typisch für ihn. Mittlerweile ist er vier Jahre alt und unserem RTL-Ausflug folgten viele andere Auftritte. Nicht immer sind die Umstände so aufregend, doch richtig optimal ist es ganz sicher auch nicht immer. Aber die Veranstalter lieben uns. Und wissen Sie warum? Weil wir jedes Wetter, jede Geräuschkulisse, jede Zeitplanumstellung, jedes Einspringen mit einem Lächeln abnicken. Und das geht nur, weil Asim seine Arbeit so liebt ... Motivation ist alles!

Anhang

Es war unheimlich schwierig für mich, einen Weg zu finden, dieses Thema in diesen Umfang zu packen. Es gibt so viele Ratgeber, die einen am Ende doch ratlos zurücklassen, weil zwar tolle Statements und Theorien dargebracht sowie verlockende Ziele formuliert werden, aber die Frage nach dem **wie**, das über ein paar oft gehörte Phrasen hinausgeht, leider ungeklärt bleibt. Ich habe bei so vielen Punkten mit mir gerungen, einiges habe ich ganz weggelassen, anderes ziemlich verkürzt dargestellt und ich hoffe, dass ich an den Stellen, die ich für relativ entscheidend zum Thema Motivation halte, ausführlich und konkret genug geworden bin. Ich hoffe, dieses Buch hat Ihnen während des Lesens ein bisschen Freude bereitet. Ich hoffe sehr, dass es eine Hilfe auf dem Weg sein kann, Ihrem Hund mehr Spaß am Training zu vermitteln. Und ich wünsche Ihnen von ganzem Herzen, dass Sie Ihren Hund mit Liebe, Freude und Sachverstand fördern und fordern, aber dass Sie bei allem nie vergessen, zu lächeln ... über die Unzulänglichkeiten Ihres Hundes und über Ihre eigenen. Haben Sie einfach Spaß, dann wird schon alles gut!

www.freestyle-dogs.de
freestyle-dogs@t-online.de

Anhang

Lesetipps ...

... zur Hundeerziehung

Carsten Bainksi:
Die neue Welpenschule. Stuttgart, 2011

Petra Krivy/Angelika Lanzerath:
Familienhunde gut erzogen;
Der Ratgeber für jeden Hundehalter.
Stuttgart, 2013

Uwe Friedrich: Das Teamkonzept;
Die vier Säulen der Hundeerziehung.
Stuttgart, 2013

Holger Schüler:
Wir verstehen uns; Hundeerziehung
mit Verstand + Gefühl. Stuttgart, 2014

... zum Hundesport

Alexandra Roth/Regula Tschanz-Haas:
Agility; Vom Junghund zur Leistungsklasse.
Stuttgart, 2012

Micaela Köppel:
Dogdance; Der kreative Hundesport.
Stuttgart, 2008

Annette Schmitt:
Fit und fidel; Fitnessprogramm für graue
Schnauzen. Stuttgart, 2012

Anhang

Autorenporträt

Karen Uecker lebt mit ihrer zweibeinigen Familie, ihren drei Hunden, zwei Pferden und einem Kater in der Nähe von Hildesheim. Sie erlernte die Grundlagen des Tiertrainings bei einer Filmtiertrainerin in den USA, wohin sie wegen eines Trainee-Jobs nach ihrem juristischen Studiums gereist ist. Nach ihrer Rückkehr arbeitete sie noch einige Jahre in »ordentlichen« Berufen, ihr Herz schlug jedoch mehr und mehr für das Training mit Tieren. Heute bildet Karen Uecker ihre Hunde und Pferde erfolgreich für Showauftritte aus. Ihr Belgischer Schäferhund Asim, geschult in Obedience und Dogdance, und sie werden häufig für Veranstaltungen gebucht. Asim »tanzt« aber nicht nur mit seinem Frauchen, sondern tritt auch noch mit Gharamat, einem jungen Vollblutpferd, gemeinsam auf. Ihr Wissen gibt Karen Uecker, die auch als Hundeexpertin für die Uelzener Versicherung tätig ist, in Kursen zu den Themen Grundlagentraining, Motivationstraining, Dogdance und Reitbegleithundtraining weiter.

Unsere Erfolgsreihen auf einen Blick

Die Reitschule (Auswahl)

Urte Biallas, **Bodenarbeit,** ISBN 978-3-275-01708-9
Kerstin Diacont, **Dressur für Fortgeschrittene,** ISBN 978-3-275-01749-2
Kerstin Diacont, **Grundkurs Sitz und Hilfen,** ISBN 978-3-275-01707-2
Petra Dürr/Carola Steen, **Kaltblutpferde reiten,** ISBN 978-3-275-01939-7
Hannelore Leiser, **Voltigieren für Einsteiger,** ISBN 978-3-275-01856-7
Angelika Schmelzer, **Reiten im Gelände,** ISBN 978-3-275-01748-5
Britta Schön, **Mein erster Turnierstart,** ISBN 978-3-275-01777-5
Britta Schön, **Hufschlagfiguren und Lektionen E–A,** ISBN 978-3-275-01728-7
Antonia Schwarzkopf, **Arbeiten mit Ponys,** ISBN 978-3-275-01940-3
Karen Uecker, **Der Reitbegleithund,** ISBN 978-3-275-01969-4
Sigrid Weppelmann, **Basispass Pferdekunde,** ISBN 978-3-275-01750-8
Inga Wolframm, **Angstfrei reiten in sieben Schritten,** ISBN 978-3-27501729-4
Inga Wolframm, **Springen für Einsteiger,** ISBN 978-3-275-01776-8

Die Hundeschule (Auswahl)

Annegret Bangert, **Begleithundprüfung,** ISBN 978-3-275-01779-9
Ann-Sophie Griebel, **Clicker-Training,** ISBN 978-3-275-01714-0
Micaela Köppel, **Spiel und Spaß für jeden Tag,** ISBN 978-3-275-01732-4
Petra Krivy/Angelika Lanzerath, **Darf der das?,** ISBN 978-3-275-01835-2
Petra Krivy/Angelika Lanzerath, **Einer geht noch …,** ISBN 978-3-275-01863-5
Petra Krivy/Angelika Lanzerath, **Was ein Welpe lernen muss,** ISBN 978-3-275-01689-1
Petra Krivy/Angelika Lanzerath, **Hunde verstehen,** ISBN 978-3-275-01756-0
Petra Krivy/Angelika Lanzerath, **Gut erzogen von Anfang an,** ISBN 978-3-275-01731-7
Petra Krivy/Angelika Lanzerath, **Mein Hund im Flegelalter,** ISBN 978-3-275-01810-9
Uta Reichenbach/Gabriele Lehari, **Sinnvolle Beschäftigung,** ISBN 978-3-275-01929-8
Monika Schaal/Ursula Breuer, **Gastfreundlich,** ISBN 978-3-275-01862-8
Monika Schaal/Ursula Breuer, **Komm zu mir!,** ISBN 978-3-275-01623-5
Monika Schaal/Ursula Daugschieß-Thumm, **Lockere Leine,** ISBN 978-3-275-01621-1
Andrea Schmidt/Gunter Mattes, **Flyball,** ISBN 978-3-275-01912-0
Beate Schwarz, **Dummy-Training,** ISBN 978-3-275-01690-7
Manuela van Schewick, **Apportieren mit Spaß,** ISBN 978-3-275-01754-6

happy cats (Auswahl)

Sylvia Born, **Katzenkinderstube,** ISBN 978-3-275-01864-2
Nina Ernst, **Zufriedene Stubentiger,** ISBN 978-3-275-01760-7
Gabriele Müller, **Miau – Katzensprache richtig deuten,** ISBN 978-3-275-01782-9
Gabriele Müller, **Katzenspiele,** ISBN 978-3-275-01811-6
Annette Thomée, **Gesunde Katze,** ISBN 978-3-275-01839-0

Jedes Buch mit 96 Seiten,
ca. 80 Abb., broschiert,
je € 9,95/CHF 18,90/€(A) 10,30